埃菲尔铁塔
为何伟大

改变你对建筑认识的70个问题

What's So Great
About
the Eiffel Tower

70 questions that
will change the way
you think about
architecture

〔英〕乔纳森·格兰西 著

尚晋 译

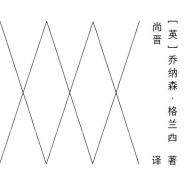

后浪

四川美术出版社

图书在版编目（CIP）数据

埃菲尔铁塔为何伟大 : 改变你对建筑认识的 70 个问题 / (英) 乔纳森·格兰西著 ; 尚晋译 . -- 成都 : 四川美术出版社 , 2022.9
书名原文 : What's so great about the Eiffel Tower? 70 questions that will change the way you think about architecture
ISBN 978-7-5740-0191-6

Ⅰ . ①埃… Ⅱ . ①乔… ②尚… Ⅲ . ①建筑学 – 通俗读物 Ⅳ . ① TU-0

中国版本图书馆 CIP 数据核字 (2022) 第 150667 号

本书中文简体版权归属于银杏树下（上海）图书有限责任公司
著作权合同登记号 图进字：21-2022-122

埃菲尔铁塔为何伟大：改变你对建筑认识的 70 个问题
AIFEI'ER TIETA WEIHE WEIDA: GAIBIAN NI DUI JIANZHU RENSHI DE 70 GE WENTI

[英] 乔纳森·格兰西 著 尚晋 译

选题策划	后浪出版公司		出版统筹	吴兴元
编辑统筹	尚 飞		责任编辑	秦朝霞
特约编辑	张露柠		责任校对	田倩宇
责任印制	黎 伟		封面设计	墨白空间·李 易
营销推广	ONEBOOK		排 版	李 易

出版发行 四川美术出版社
（成都市锦江区工业园区三色路 238 号 邮编：610023）

成 品	889 毫米 ×1194 毫米 1/32
印 张	8.25
字 数	180 千字
图 幅	107 幅
印 刷	天津联城印刷有限公司
版 次	2022 年 9 月第 1 版
印 次	2022 年 9 月第 1 次印刷
书 号	ISBN 978-7-5740-0191-6
定 价	88.00 元

读者服务：reader@hinabook.com 188-1142-1266
投稿服务：onebook@hinabook.com 133-6631-2326
直销服务：buy@hinabook.com 133-6657-3072
网上订购：https://hinabook.tmall.com/（天猫官方直营店）

目录

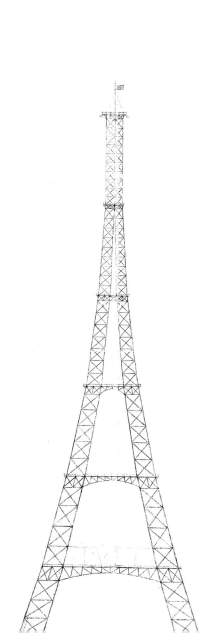

前言

圣经《诗篇》中说：人的光阴是 70 年。索尔兹伯里大教堂（Salisbury Cathedral）直指青天的塔尖有 700 年之久，吉萨大金字塔（Great Pyramid of Giza）的历史几乎是它的七倍，而埃利都中心的神庙在大约 7000 年前以一层层晒干的泥砖，矗立在今天伊拉克南部长期淤塞的海湾岸边，那或许是世界上最早的城市。

倘若人类的生命看似只是一个瞬间，那么建筑的生命的确可谓长久。由于建筑可以屹立千年，历代人欣赏它、思考它和评述它的方式会随时间改变。比如，在 18 世纪初的英国，利落的帕拉第奥派青年建筑师和辩论家在伯灵顿伯爵的带领下，就曾唾弃克里斯托弗·雷恩（Christopher Wren）、约翰·范布勒（John Vanbrugh）和尼古拉斯·霍克斯莫尔（Nicholas Hawksmoor）的粗俗。

19 世纪的新哥特派囿于对欧洲中世纪生活的幻想，将一切源自古典主义的设计，例如雷恩和伯灵顿的作品，视为不真实、不爱国和异教的。他们以尖塔为美，以穹顶和严整的立面为丑。而后，当简洁而冷峻的现代主义建筑在一战后让古老的城市街道焕然一新时，哥特复兴派又被理性主义的青年功能主义者妖魔化。

到了 20 世纪 70 年代，现代主义大厦将倾，保护主义者和后现代派登上了舞台。如此往复，历史学家不断更新和重写建筑的历史，而批评家则口诛笔伐，今天为这种设计风格辩护，明天又为另一种卫道——只是激情不减。

如今看来令人难以置信的是，仅仅半个世纪以前，建筑师、规划师和政府就醉心于他们所谓的"全面再发展"。而这在我们看来就是对古城和城市中心及其历史建筑的彻底破坏，再用数百万立方米的低级混凝土设计取而代之。

　　我刚刚用了"醉心"一词来描述一个激进的现代化精神席卷全球城市的时代。这个精心挑选的词语是内涵丰富的。在 20 世纪 60 年代，推行现代化的人坚信他们所做的是绝对正确的选择。他们相信是在带领世人到达新耶路撒冷——天国，而不是地狱。如今，在 21 世纪 20 年代，我的"醉心"在那些迷恋 20 世纪 60 年代的人眼中是值得怀疑的。他们偏爱那个由混凝土立交桥、粗暴干预，以及蔑视传统美的野兽派建筑构成的世界。

　　所以，当沙特尔大教堂（Chartres Cathedral）最近的室内翻新将不可替代的层层历史剥去时，我为之痛心疾首，而其他人却为重现沙特尔中世纪的盛况拍手称快。诚然，历史本身也是一种建构，会通过修补、更新和改写来顺应各个世代的主流品位、思想和自大。

　　我们在历史中的任何一个时段所作的判断都应当被质疑。例如，不久前我们得知埃及金字塔是由奴隶建造的，而不是自由人。如今，甚至吉萨大金字塔里是否有下令兴建它的法老的木乃伊，我们都无从知晓了。

　　因此，本书对贯穿历史、遍布世界的建筑提出了 70 个问题。像埃菲尔铁塔那样影响了建筑艺术与科学的伟大建筑和工程都会出现在这里，而我们审视它们的方式将会不断变化——随着风，随着潮，随着流变的时尚与哲学。

乔纳森·格兰西

帕提侬神庙
冷峻的形式主义，还是绚烂的古典主义？

1832 年，巴伐利亚王子奥托成为新独立的希腊的开国君王，并定都雅典。那时的雅典只不过是卫城遗迹周围由几百座奥斯曼住宅堆成的一座破烂不堪的城市。奥托下令做一个新的城市规划，不到十年，全新的希腊复兴建筑便屹立在优美的街道和广场之中。这种建筑风格是理性、冷峻，甚至带有军威的。在这里，古雅典以鲜明的日耳曼特色实现了复兴。

奥托的父亲巴伐利亚的路德维希一世热爱希腊文化，并崇拜希腊艺术和建筑的纯洁本质。在他的想象中，5 世纪雅典的神庙和公共建筑之洁白有如巴伐利亚阿尔卑斯山上的皑皑白雪。正如 18 世纪颇具影响力的德国艺术史学家约翰·约阿希姆·温克尔曼所说："建筑越是洁白就越美。"在巴伐利亚，路德维希一世曾命令他的御用建筑师莱奥·冯·克伦泽（Leo von Klenze）复制一座帕提侬神庙。这座 19 世纪的瓦尔哈拉殿堂（Valhalla）是为纪念德国伟人而建的，它俯瞰着雷根斯堡远方的多瑙河，与所有当代军事要塞一样简朴且色调单一。

这种特意将希腊建筑视为带有英雄色彩并为齐整、高度有序的社会服务的阐释与另一种观念混合在一起：伟大的古雅典建

戈特弗里德·森佩尔绘制的彩色细部
1836 年

筑是由纯洁、无装饰的大理石建成的。这使得18世纪末席卷欧洲和各个帝国以及美洲的雄伟的希腊复兴建筑看上去不仅冷峻，而且有一种日耳曼的味道。

但事实上，古雅典和帕提侬神庙都是五彩斑斓的。帕提侬神庙作为这座城市最伟大的建筑，是由建筑师伊克提诺斯（Ictinus）、卡利克拉特（Callicrates）以及雕刻家、画家菲迪亚斯（Phidias）一起设计的。它在雅典鼎盛的公元前447年至公元前431年间建成，并进行了装饰。

它的建筑具有完美的比例，并装饰着最高水平的浮雕楣板。呼之欲出的雕刻描绘了希腊人与上古的敌人、诸神与泰坦、半人马、特洛伊人和亚马逊人之间的战争。而就像这座崇高的神庙的山花和室内一样，楣板也有鲜艳的色彩。

除了丰富的象征意义，帕提侬神庙还与毕宿星团相对应（即神话中的许阿得斯，阿特拉斯的女儿们。阿特拉斯是擎天的泰坦，与恒星和导航相关）。它微微弯曲的凹槽柱使这座建筑犹如一艘雄伟的战舰，劲风鼓起它的船帆。倘若这些柱子能升入空中，那么这 46 根外柱就会在爱琴海上空一英里（约 1.6 千米）的地方交汇，指向星河中的姊妹。在这里，神话、意义、艺术和建筑交织在一起，多彩而绚烂。

供奉女神雅典娜的帕提侬神庙有着同样精彩的未来。在公元 435 年，东罗马帝国皇帝狄奥多西二世关闭并洗劫了希腊神庙。几十年后，帕提侬神庙被改作东正教教堂，成为供奉圣母的圣母帕提侬（Parthenon Maria）。在后来的几个世纪中，雅典落入拉丁王国的控制中，多立克神庙变成了罗马天主教堂，并在西南角增加了一座钟塔。

当 1458 年雅典被奥斯曼帝国吞并之后，钟塔被改为宣礼塔，帕提侬又成了清真寺。1687 年，当威尼斯人对奥斯曼占领的雅典发起进攻时，土耳其人用这座神庙－清真寺作为弹药库。它被威尼斯的炮火直接击中，屋顶和大部分楣板被炸飞，六根柱子以及神庙内室被毁。这样，帕提侬神庙基本上就成了我们今天看到的遗迹。为何说是基本上，是因为在威尼斯人撤退后，奥斯曼军队在遗迹中建造了一座乡村风格的小清真寺。这个状况一直持续到希腊独立，奥斯曼建筑被从卫城上清除，建筑和历史被净化，从而顺应了一种在本质上属于德国新古典主义的理想。

直到 1877 年，画家劳伦斯·阿尔玛－塔德玛最先展出其彩色的《菲迪亚斯向朋友展示帕提侬神庙楣板》（*Phidias Showing the Frieze of the Parthenon to his Friends*）时，对于希腊建筑和色彩的问题仍没有形成共识。执着的新古典主义者坚信希腊人具有更崇高、更日耳曼式的品位，而像阿尔玛－塔德玛这样的浪漫主义者有着不同的认识——最后被证明是正确的。

即便在那时，当年轻的夏尔－爱德华·让纳雷（Charles-Édouard Jeanneret）在 1911 年看到帕提侬神庙时，他被遗迹在地中海的阳光之下熠熠生辉的"陋诗"打动。"在我的生命中，"勒·柯布西耶（Le Corbusier）写道，"从未感受到这种纯色带来的微妙变化。"这就是机缘：帕提侬神庙作为一尊冷峻的纪念碑，将神奇地与这位未来建筑大师旗帜鲜明的 20 世纪建筑遥相呼应。令我好奇的是，倘若勒·柯布西耶来到 1897 年的纳什维尔田纳西百年纪念世博会，他会怎么做帕提侬神庙的原尺寸复制品？要知道，原来的临时建筑是用石膏和砖木建造的，后来没有用大理石重建，而是用的混凝土——这位瑞士裔法国建筑师的至爱。

帕提侬神庙的历史表明，一座具体的建筑在不同的文化和世代是有不同意义和价值的。然而，无论它是色彩与生活的盛宴，还是精美的单色艺术史纪念碑，帕提侬神庙都永远不会被世人忽视。

威尼斯
建筑博物馆，还是活的城市？

"我们要与老威尼斯一刀两断。"意大利诗人、编辑以及未来主义运动的创始人菲利波·托马索·马里内蒂在 1910 年宣布。就在前一年，他用《未来主义宣言》（*Futurist Manifesto*）歌颂了速度、战争、工业和对女性的征服。如今，他最新的宣言又从圣马可广场的文艺复兴式钟塔顶端，由数以千计的传单撒向世人。

"我们要治愈这座腐烂的城市、这个来自过去的剧痛……让我们立即用那倒塌宫殿的废墟填入狭窄、恶臭的河道。让我们把页多拉都烧成灰烬——那是白痴的摇椅——而让浓烟滚滚的金属桥和工厂的雄伟英姿直冲云霄，抛弃老建筑那垂落的曲线。"

1910 年，威尼斯对这种翻天覆地的口号毫无反应。尽管建成了许多新的桥梁和工厂——大部分都在连接威尼斯共和国与大陆的铁路桥远端的梅斯特雷地区——高亢的未来主义与初生的现代主义很难走进这座城市的公爵遗孀的心中。

不过，马里内蒂的确带来了一些影响。在一战之后，这位诗人投靠了贝尼托·墨索里尼，并参与撰写了 1919 年的《法西斯宣言》（*Fascist Manifesto*）。虽然墨索里尼不是建筑上的独裁者，他却把连接城市与大陆的雄伟的双车道利托里奥桥、一座

作为全球旅游胜地的威尼斯
拉斯维加斯威尼斯人度假酒店

从威尼斯大运河远望
安康圣母殿和海关大楼

电影院、赌场、新住宅和丽都机场都献给了威尼斯。

尽管如此，1846 年约翰·拉斯金（John Ruskin）在威尼斯测绘建筑并斥责蒸汽火车的到来之后，保护古迹成了他大部分建筑工作的推动力。虽然对帕拉第奥风格并无好感，拉斯金还是为圣露西（Santa Lucia）教堂被拆除感到震惊——安德烈亚·帕拉第奥（Andrea Palladio）曾在 1580 年逝世前画过它的速写——而拆除的原因是要建造一座朝向大运河的火车站。

从那以后，保护主义者就在与现代主义的各种力量斗争。也有人希望将这座城市以拉斯金的方式冻结起来，让它成为一幅巨大的历史画；还有人可以接受变化，只要变动并不醒目。因此，这座城市许多最好的现代化改造都在室内，尤其是威尼斯建筑师卡洛·斯卡尔帕（Carlo Scarpa）的匠心之作，其中就有精心复原的圣马可广场奥利韦蒂（Olivetti）展厅（1958 年）。他的作品还有奎里尼·斯坦帕利业基金会（Fondazione Querini Stampalia，1959 年）——有着杰出历史艺术藏品的华丽的府邸博物馆，以及马谢里基金会大厦（Palazzo Fondazione Masieri）——一座大运河上的研究机构，直到斯卡尔帕于 1978 年过世后才建成。

马谢里基金会大厦的故事将我们带到了威尼斯现代主义争论的焦点上。1952 年，30 岁的建筑师安杰洛·马谢里（Angelo Masieri）和妻子萨温娜到亚利桑那去见弗兰克·劳埃德·赖特（Frank Lloyd Wright）。他们委托这位传奇的美国建筑师在新运河和大运河的转角设计一个新家，以取代原宅。赖特的设计谦逊端庄，甚至可以说对威尼斯的传统尊敬有加。尽管如此，它还是遭到了猛烈的抨击。欧内斯特·海明威大喊：倘若将它建成，就该放火烧掉威尼斯！其他颇具影响力的声音也随之而来：赖特的宅邸不适合威尼斯。它最终没有通过规划许可，项目夭折了。安杰洛·马谢里也惨遭不幸，在去美国见赖特的路上死于交通事故。

保护主义者的胜利并没有到此为止，后来又有两位杰出的现代建筑师在 20 世纪 60 年代的威尼斯受挫——勒·柯布西耶在卡纳雷吉欧区设计的医院和路易·康（Louis Kahn）在城市中世纪船坞设计的会议中心。这两个项目都在威尼斯夭折。

从那以后，威尼斯便一直将现代主义建筑雪藏在严肃的高墙之后。安藤忠雄为弗朗索瓦·皮诺的当代艺术藏品改造的海关大楼室内（2009 年）就很有代表性。同时，雷姆·库哈斯（Rem Koolhaas）在数年间断断续续设计了一个饱受争议的方案——将里亚尔托桥旁雄伟的德国商馆（Fondaco dei Tedeschi）改造为班尼顿购物中心和文化主题公园。

老城边缘的新现代住宅规模和材质与周围十分协调，而全新的建筑在这里就像汽车一样罕见（尽管马里内蒂曾幻想汽车会飞驰在水泥铺道的大运河上）。当这种建筑真的出现时，却很是低调——就像斯特林与威尔福德建筑事务所设计的拿破仑花园里的双年展书店（1991 年）。

威尼斯没有回应喧嚣的未来主义或激动人心的现代运动，而是选择了精妙、隐秘和卡洛·斯卡尔帕。虽说算不上博物馆，但威尼斯前行与侧移的谨慎步伐就像它海边的寄居蟹一样。

埃菲尔铁塔为何伟大

密斯·凡·德·罗

"少就是多"，还是"少就是烦"？

1986 年重建的
巴塞罗那馆

路德维希·密斯·凡·德·罗（Ludwig Mies van der Rohe）是 20 世纪最伟大的建筑师之一。他成熟的建筑达到了一种冷静、超然的抽象境界，近乎极简主义。但从 1929 年的巴塞罗那馆到纽约的西格拉姆大厦（Seagram Building, 1958 年），他的作品也体现出用材丰富、工艺精湛的特征。

身为亚琛市石匠的儿子，密斯后来宣称："上帝在细节中"，并且"少就是多"。但他并不是指毫无生气、冷静的线性建筑，而是细节精美至极的建筑。例如，他在 1921 年至 1922 年做的腓特烈大街摩天楼竞赛设计方案，体现出他在向一种玻璃和钢结合的建筑努力，其自然与优美有如水晶一般。当时既没有实现这种设计的技术，也没有这种愿望。但在竞赛之后，密斯用粗犷的炭笔线条与摄影蒙太奇将这个方案绘成表现图时，它毫无冰冷的感觉，而是充满了一种源自严谨想象的克制。

然而，单调乏味成了批评家攻击密斯的炮弹。在具有煽动性的著作《建筑的复杂性与矛盾性》（*Complexity and Contradiction in Architecture*, 1966 年）中，美国后现代主义建筑师罗伯特·文丘里（Robert Venturi）大呼"少就是烦"，并怂恿世人去诋毁这位德裔美国建筑师的简约设计。世界上无数的业主、城市和不大知名的建筑师选择模仿他们眼中的非历史建筑风格，并不是密斯的过错——那对于速成办公楼的大规模建造很是理想。

事实上，密斯的建筑传承了历史。他的早期方案受新古典主义影响颇深，尤其是普鲁士建筑师卡尔·弗里德里希·申克尔（Karl Friedrich Schinkel）的作品。而他对结构和材料的感觉反映

出他对中世纪建筑和石作的深厚情感。孩童时代的他曾以敬畏的目光对着亚琛大教堂的拱顶沉思，并且他很崇拜兄长埃瓦尔德——一位技艺精湛的石匠和雕刻家。

今天，密斯已摆脱了骂名。但要理解西格拉姆大厦与市区普通办公楼之间的区别，或是这位建筑师的湖滨路 860—880 号公寓楼与那些草草建成、看似相近的公寓楼有何不同，则需要毫无偏见的思维和开放的目光。

圣保罗大教堂
巴洛克杰作，还是文艺复兴赝品？

　　他的双手从一开始就被束缚，他丰富的想象力被制约。当克里斯托弗·雷恩被请去设计新的圣保罗大教堂时，他的主顾、教堂管委会难以把握建筑发展的动向；而那座原来的中世纪建筑已在 1666 年的伦敦大火中化为灰烬。雷恩提出在希腊十字平面上建造雄伟的穹顶大教堂，这让他们大惊失色。他们其实想看到一座有着奇异装饰的中世纪大教堂。不管怎样，雷恩的理想设计是不能随便拼凑出来的：它是一个完美的整体。

　　雷恩回到绘图板前，设计了一个丑陋的十字形大教堂。它顶着一个瘦高的穹顶，并带着粗糙的文艺复兴式的细部——不仅损害了他不容置疑的才华，也让英国教会丢了脸。然而，这就是 1675 年批准的设计方案。若是它建成了，雷恩就绝不会得到他应有的声誉。然而，根据雷恩的家族回忆录《祭祖节》（*Parentalia*）记载，雷恩受国王恩准可以"进行自由创作，合理地改变除主体以外的装饰，并可自行把握建筑的整体"。

　　雷恩着手调整批准的设计方案，其力度之大，以至于 1710 年圣保罗大教堂竣工时，已与 35 年前批准的方案有天壤之别。

当然，这是一种妥协，却是一种雄伟而且非常英国式的妥协。文艺复兴式的高墙包围着哥特的平面，将飞扶壁隐藏起来，而一个史无前例的巧妙穹顶运用了 17 世纪末一切结构工程学的技巧——它们共同塑造出一座荡气回肠的巴洛克大教堂。

然而，几个世纪以来，指责声不绝于耳，直指圣保罗大教堂的设计是虚伪的。怎么能将哥特平面隐藏起来？不过，从漫长的职业生涯来看，雷恩的天才在于让最崇高的理想与现实相适应的能力——无论是适应账房的规章，还是适应看不出（而这在一定程度上是可以理解的）这位建筑师的作品将名垂青史的主顾的观点。

被教会批准的
雷恩原来的圣保罗大教堂十字形
设计方案

圣保罗大教堂平和的穹顶
1710 年竣工

吉萨大金字塔
超大王墓，还是通向宇宙的天门？

吉萨大金字塔在本质上是极其简洁的：一座由无数劳工用 20 年建成的人造高山，这座陵墓的主人是公元前 2560 年逝世的法老胡夫。它的建筑师可能是希缪努（Hemiunu）。这座 146 米高的金字塔曾是世界上最高的建筑，直到 1311 年林肯大教堂（Lincoln Cathedral）的尖塔建成（已佚失）。胡夫唯一已知的形象是一个 7.5 厘米高的象牙雕像。而这位法老的建筑师有一尊大得多的雕像——与金字塔的体量及其建筑理想更相称——现藏于希尔德斯海姆的勒默尔和佩利扎乌斯博物馆（Roemer-und-Pelizaeus Museum）。

不论怎么看，大金字塔都是一个伟大的成就，因为它的高大和施工的精准一直令人不解。直到今天，许多人都很难相信没有现代技术的古代文明能够实现如此巨大而完美的工程。

　　不过，还有很多我们不了解的东西。这座纪念碑真的是为胡夫——一位我们知之甚少的法老而建的吗？为何在这座金字塔中从未发现木乃伊？1983年，在亚历山大港出生和长大的结构工程师罗伯特·博瓦尔（Robert Bauval）提出了他的猎户座关联理论：大金字塔和整个吉萨建筑群，包括神秘的狮身人面像，是猎户座和狮子座的天象在地上的映射，并一直延伸到银河。透光井从大金字塔中心的"国王室"直通天空，指向猎户座的腰带三星。埃及人将猎户座和重生与阴世之神奥西里斯联系在一起，而他又以神奇的死亡和重生与尼罗河每年的洪水涨退联系在一起，以此代表埃及的丰饶。

　　因此，大金字塔总是比一位法老的生死以及逐渐淡漠的记忆更重要——他甚至可能没葬在这里。博瓦尔的理论被天文学家、地质学家和历史学家驳斥，但很难相信这座硕大的建筑——清晨迎接游人未染的赤霞，傍晚擎起群星璀璨的夜空——不过是一位早已被世人遗忘的国王的陵墓。

　　若问在哪里有古老的星空之门，或许就在这里。如果不是，那它便是一座技艺超凡、曾经光芒万丈的纪念碑。它响亮而清澈地用诗的语言赞颂人类与永恒的关系，赞颂人类想象中无穷的渴望，赞颂古老文明的集体意志。金字塔永远激着建筑与大众的想象力，是不足为奇的。

巨石阵
国际符号，还是孤立的纪念碑？

索尔兹伯里平原有一个传奇般的环形石遗迹，它的重建几乎与埃及人建造吉萨大金字塔是同一时间。这两座纪念碑看上去都与恒星和冬至、夏至有关。那么它们之间有联系吗？在尼罗河谷与索尔兹伯里平原之间的商道上是不是有一种神秘的语言？

想象一下：埃及人和英国人都曾拖着50吨到80吨重的巨石，长途跋涉去建造历经千年、至今仍让人费解的纪念碑。这怎能不令人着迷？然而这两个文明的交流几乎是不可能的。神庙、陵墓或者集会和治疗场所的概念不可能随着巨石建筑同时出现在世界各地。

目前的看法认为巨石阵是由欧洲主流之外的文化创造的，也与北非没有关系。它与冬至、夏至的对应是预先设计好的，因为索尔兹伯里平原的地理位置就具有这样的特点。

巨石阵要比胡夫大金字塔更依赖自然和巫术。不过，吉萨神庙和殡葬建筑群的遗址可以上溯到公元前10000年，那么巨石阵的建筑形式也很可能在公元前8000年就有了，尽管当时可能是木制的。

后来，随着旅者和商人由陆路抵达这里——它可能是一个治疗中心或某种具有共同文化关联的地点——巨石阵又与欧洲联系在一起。在靠近巨大立石的地方发现了来自相当于今天德国地区的人的遗体。可以肯定的是，就像今天的人来到这里，希望在冬至、夏至的索尔兹伯里平原感受某种精神力量或启示一样，石器时代世世代代住在这里的人也聚集在这里，与太阳、遥远的群星以及永恒之感同在。

　　或许，具有重要意义的是，巨石阵在工业化和科学探索的时代毫不被重视，那是一个几乎什么都可以标价的时代。1915年，这处遗址由弗兰克与拉特利爵士地产代理公司在索尔兹伯里宫殿剧场里拍卖。"拍品15号，巨石阵，约30英亩（英美制面积单位。1英亩约为4047平方米——编者注）……"落锤价6600英镑。威尔特郡商人塞西尔·查布把它买下作为礼物，献给爱妻，她却毫不为之动容。查布把这处遗址捐给了国家，并因此封爵。

沙特尔大教堂
神圣造型的迷宫，还是难以言表的低俗迷阵？

1944 年 8 月 16 日，美国第七装甲师向沙特尔圣母大教堂发起进攻。据说德国狙击手藏匿在西塔中，里面还有更多部队。美军的命令是摧毁这座中世纪建筑。就在命令执行的前一刻，出生在得克萨斯的小韦尔伯恩·巴顿·格里菲思上校带着一个士兵冲进了大教堂。在发现这座幽深的建筑中并无敌人之后，格里菲思敲响了大教堂的钟，让战友不要开火。

千钧一发——中世纪最伟大的一座建筑幸免于难，然而格里菲思——虽被追授美国杰出兵役十字勋章和多项法国荣誉——却在当天与德军的交战中牺牲。当然，沙特尔大教堂也有可能被德军夷为平地。1789 年大革命时，就连法国人自己都想毁掉它。

自此以后，沙特尔大教堂似乎就平安无事了。2009 年，法国文化部历史古迹署批准了一笔巨资对大教堂进行修缮。而这在许多批评家和游客眼中是耸人听闻的破坏。"耸人听闻"是恰如其分的：历经数百年、壮观的深灰色墙用耀眼的色彩粉刷一新，处处洁白细腻，装饰着光亮并有逼真画法（trompe l'oeil）效果的

在沙特尔大教堂向圣坛望去

黄色大理石。

　　这座大教堂无与伦比的中世纪彩色玻璃窗曾闪耀在神圣而肃穆的中殿里，将圣洁的光洒满圣坛的耳堂和回廊。如今，闪亮的墙面让它们看上去黯淡失色。在《费加罗报》的阿德里安·戈茨看来，彩色墙面上的彩绘玻璃的新效果就像"开着灯在电影院看电影"。

　　为《纽约书评》撰稿的美国评论家马丁·菲勒将沙特尔大教堂焕然一新的粉墨登场比作"小意大利区的殡仪馆"。而复原建筑师弗雷德里克·迪迪埃（Frédéric Didier）和他的团队在谈论将大教堂复原到最初的 13 世纪的面貌时——该项目计划于 2017年完成——与菲勒的看法不谋而合："这项鲁莽的工作就像给《萨莫色雷斯的胜利女神像》加上头，或是给《米洛斯的维纳斯》添上双臂。"

　　今天是不可能重现大教堂在 13 世纪的形象、感受或精神的。沙特尔大教堂的特别之处在于，它从法国革命派以及二战时期德美双方的手中得以幸存，并完整地保留至今。这个浑然一体的壮观建筑在极短的时间内建成——大部分在 1194 年到 1230 年完成——到 2009 年已是饱经风霜，历史的醇厚使它比最上乘的法国美酒更值得回味。

　　那神圣的造型、洒着神秘彩色光的古老石材以及让大教堂与众不同的灵性，如今已荡然无存。而令人奇怪的是，文化部至今未将大教堂最著名的圣物——圣母披风——进行清洗，也没有将它壮观的地下迷宫改造为主题公园。

从 20 世纪末开始，购物中心就成了现代的大教堂，而主题公园、娱乐中心和机场航站楼是附属的教堂和礼拜堂。一切都必须光彩夺目、一尘不染、俗不可耐，而最重要的是毫无生气。沙特尔大教堂也被如法炮制，成为政府批准和资助的宗教场所和旅游地，并在这一过程中见证了对岁月的痕迹与历史感的抹煞。它亵渎的是这座建筑，是小韦尔伯恩·巴顿·格里菲思上校的事迹，更是数百年来所有在此祈祷过或陷入沉思的人的精神。

古建筑给人最大的一种愉悦就是它的古老。这不只是石材或木材的悠久，而是岁月带来的痕迹：大教堂的墙上数百年来由蜡烛留下的印记，无数双手的抚摸和无数走过的人在石头上磨出的光泽，无数人踏过的楼梯和石板，褪尽色彩的壁画，昏暗中依稀可见的细节——这一切，在自认为可以超越历史的修复师将庄严的宗教场所变成旅游团的摇钱树时，都永远地消失了。

曼哈顿天际线
古代，还是现代？

　　虽然许多城市都已经比纽约更大、更高、更耀眼，但曼哈顿天际线的魅力超越了时间。帝国大厦在市中心高耸入云的壮观一幕仍能激起无限的遐想。世界贸易中心双塔被毁的阴影直到现在依然存在。这场惨绝人寰的罪行引发了战争、侵略和愈演愈烈的恐怖主义袭击；不仅夺去了无数生命，还使无数历史古迹被蓄意破坏。

　　恐怖分子摧毁了世贸中心，因为在他们眼中那是以混凝土、钢和玻璃的巴别塔表现的西方现代世界。尽管如此，曼哈顿却是一个保守的地方。坐落在坚固的花岗石基岩上，它那林立的高楼大厦犹如一座座人造山峰，纵横交错的街道形成一道道沟壑，川流不息的车辆仿佛一条条溪流。悠长的影子落在人造的沟壑之间，凛冽的冬风从中呼啸而过，让人不禁感叹：这座现代城市竟是一处地质奇观。

　　即使在那时，曼哈顿也给人一种群山苍幽的感觉。这座岛屿通过锈迹斑斑的大桥与陆地相连。那里不仅有成片的摩天楼，还有许许多多单层棚屋、棱角分明的仓库、弯弯曲曲的消防栓、

肃穆的水塔、古老的疏散梯，以及无数已消失在现代城市中的家庭店铺、小餐馆和熟食店。

　　各种噪声在岛上的街道间回响——消防车的喇叭、气闸的嘶鸣——让人仿佛听到远古怪兽的咆哮。勒·柯布西耶也感到曼哈顿有些老气，建筑不够高大——他指的是尺度或楼层平面，而不是高度。尽管街道的规划方整，并具有理性的逻辑，但建筑单体从狭小的地块上拔起，就像圣吉米尼亚诺的中世纪塔楼在今天

的翻版，或是曾经簇拥在圣保罗大教堂周围的教堂尖塔。曼哈顿实际的效果就是一座在钢框架、电梯和电气的时代重塑的中世纪城市。

不过，曼哈顿还有一分特别的魅力。它有数百座引以为豪的高层建筑，并以尤为人性的方式融入街道。即便是最高建筑之一的帝国大厦，建筑的正面也都是充满日常生活气息的各色店铺，让人可以尽情享受当日的特价午餐。

曼哈顿天际线

33

圣家堂
旷世奇作，还是华而不实？

"我的主顾从容不迫。" 安东尼奥·高迪（Antoni Gaudí）相信上帝拥有世上全部的时间，所以没有必要催促圣家堂（Sagrada Família）的设计和施工。这不是巴塞罗那大教堂，而是圣家赎罪堂。这座非凡甚至令人费解的建筑从1882年至今一直在施工。也许它会在本世纪竣工，那时它18座尖塔中最高的一座将与下方19世纪的街道网形成170米的高差。圣家堂将成为世界上最高、最具争议的教堂。

19世纪以来，它的建造经费完全来自私人募捐和数百万游客的门票收入。这座建筑史无前例的形象让评论家困惑不解，并形成了截然不同的意见。在乔治·奥韦尔看来，它是"世界上最丑陋的建筑之一"。这位英国作家曾祈祷它在西班牙内战期间被夷为平地。美国"摩天楼之父"路易斯·沙利文（Louis Sullivan）将它描述为"用石头象征的精神"，而萨尔瓦多·达利认为这座建筑有一种"令人毛骨悚然而又可以咀嚼的美"，并且应该罩在一个玻璃穹顶下面。

45.7米高的中殿之上、复杂得令人头晕目眩的石拱顶在

埃菲尔铁塔为何伟大

圣家堂植物状的石塔

埃菲尔铁塔为何伟大

2010 年建成，争论再一次被引发。马德里日报《国家报》专栏作家曼努埃尔·比森特表示，"圣家堂唯一令人慰藉的事实在于它尚未建成，这个为神秘的幻想而疯狂的天才的梦还没有成真。如今游客的钱即将让它完工，而当它的围墙最终闭合时，里面除了日本游客之外将不会有别人。"

那些反对圣家堂的人之所以这样做，在很大程度上是因为他们不愿意去看在它华丽的装饰与看似武断的造型背后的东西。然而，触摸它的表面，就能感受到这座离奇古怪的建筑实际上是高度复杂的数学和高级结构工程学的杰作。

高迪的设计是从许多复杂的形式出发的，即今天的螺旋曲面、双曲面和双曲抛物面。这些从大自然中抽象出来的形式，经过转译成为圣家堂建筑中柱子、拱顶和相互交叉的几何元素的设计语言。抬头看看大教堂中殿室内上方的拱顶——它像不像一个光影婆娑的密林？高迪宣称，他设计的一切都源于"大自然之书"；他的"课本"是他乐于探索的山峦与洞穴。

事实上，当 23 岁的新西兰青年马克·伯里（Mark Burry）在 1980 年来到巴塞罗那，试图将高迪剩余的圣家堂建筑模型碎片拼合起来时，他无法理解那种陌生而费解的形体。直到比塞塔硬币掉到地上，他才看出高迪的数学幻想与山岩等自然造型之间的关系。伯里继而成为圣家堂的执行建筑师、墨尔本皇家理工大学空间设计与计算机编程的领头人。他利用航空航天技术开发了参数化计算机建模技术，从而具备了完成高迪设计的能力。在巴塞罗那工程主任乔迪·福利·伊·奥列尔（Jordi Faulí i Oller）的指导下，他还用机控切割石材加快了施工进程。

在西班牙内战期间，加泰罗尼亚无政府主义者破坏了仅存的几件出自高迪之手的模型和草图。不过，他们倒是丝毫未动这位建筑师的陵墓。因为不论他们对佛朗哥将军和天主教会的积怨有多深，他们都清楚地知道这位建筑师在所有人心中都是一位圣人——无论政治观念如何，无论哪个社会阶层。的确，今天的安东尼奥·高迪宣福礼协会在为尊这位建筑师为圣人而努力。

或许在清教徒看来有些不堪入目，但这座绽放着想象力之光的建筑在过去的 100 年中启发了世界上最杰出的工程师和建筑师——奥斯卡·尼迈耶（Oscar Niemeyer）、弗雷·奥托（Frei Otto）和皮埃尔·路易吉·奈尔维（Pier Luigi Nervi）等的设计。它将继续激发后世的想象力，而那时的人会称这位建筑师为"圣家堂的圣安东尼奥"。

阿尔贝特·施佩尔设计的大厅

新的万神庙，还是《诸神的黄昏》的布景？

根据希特勒雄心勃勃的建筑师、军备与战时生产部部长阿尔贝特·施佩尔的记述，著名的柏林爱乐乐团在 1945 年 5 月撤离柏林前的最后一场演出是以两个曲目开场的：复仇女武神布伦希尔德在赞颂瓦尔哈拉殿堂焚毁时的最终咏叹调和瓦格纳《诸神的黄昏》的终曲。

那年春天，苏联人逼近柏林，阿道夫·希特勒仍在摆弄日耳曼尼亚（Germania）的规划方案和巨大模型。德国的这个新首都将在第三帝国赢得最终胜利之后建在柏林。

在这个空洞的新城市中心将竖立起有着硕大穹顶的大厅（Volkshalle），成为古罗马万神庙的一种巨大演绎。

施佩尔以希特勒本人 1925 年画的一张罗马神庙草图作为设计的基础。1938 年，希特勒在正式考察罗马时特意拜访了万神庙。那是为一个延续了 400 年的帝国而建的。大厅要更胜一筹：它将象征一个屹立千年的帝国。结果，第三帝国与它的目标差了 998 年，而这座大厅和日耳曼尼亚都成了泡影。

大厅将钢和轻质混凝土巧妙地藏在石材背后，建筑高度290米。穹顶中心的屋顶圆窗直径46米，如此巨大的跨度可以让米开朗琪罗的圣彼得大教堂穹顶从中穿过。事实上，在攻陷柏林80年后人们仍难以想象这座大厅若是建成会有多么宏大。其室内空间之大可以让群情激昂、高呼口号的大集会时人们呼出的水汽在穹顶内侧凝结，然后会形成云团，将雨水浇到下面狂热的人群头上——恰如一场瓦格纳式的演出。

耐人寻味的是，当你退后几步，细细琢磨施佩尔的日耳曼尼亚模型，就会发现它与未来的城市大相径庭。一位渴望成为新的"邪恶"罗马帝国皇帝的统治者痴迷于新古典主义设计是不足为奇的；而希特勒想超越前人建筑的规模和仪式也就毫不意外了。

然而，这座藐视一切的大厅倒是极像一座巨大的葬礼堂。在它雄劲的门廊之上，施佩尔会刻上这句深奥的铭文：吾（即死亡）亦在仙境（Et in Arcadia Ego）。Arcadia即乌托邦，而乌托邦就是无所在。第三帝国无路可循。就在希特勒与他宠爱的建筑师摆弄大厅的设计时，柏林和第三帝国即将被烈火吞噬，恰如瓦格纳《诸神的黄昏》中的瓦尔哈拉殿堂——北欧众神的家。这座大厅被历史证明并非黑衣日耳曼半神的优越种族的万神庙，而是希特勒与施佩尔妄想世界的坟墓。

未建成的"大厅"模型

1939 年

(1)

Pylone de 300m de hauteur
pour la ville de Paris 1889.
Avant Projet de Mr E. Nouguier et M. Koechlin.

Paris le 6 juin 1884.

Echelle 1/50

埃菲尔铁塔
工程杰作，还是艺术败笔？

　　1887 年的情人节，法国《时报》刊登了一个自称"三百人委员会"的组织写给巴黎的一封"情书"。文中声讨了古斯塔夫·埃菲尔（Gustave Eiffel）标新立异的 300 米铁塔，这座熟铁建筑当时刚在巴黎的战神广场动工。许多艺术大家都在这封情书上签了字：作家居伊·德·莫泊桑、歌剧《罗密欧与朱丽叶》的作曲家夏尔·古诺以及孜孜不倦地画女裸体的威廉－阿道夫·布格罗。

　　"我们，作家、画家、雕刻家、建筑师以及对巴黎迄今未被玷污的美情有独钟的人，"这 300 人怒吼着，"谴责对法国品位的亵渎，并尽全力反对建造这座毫无用途、不堪入目的埃菲尔铁塔。"

　　这位法国工程师的伟大成就在这些 19 世纪品位上乘的人眼中，不过就是"用金属板钉起来的一根面目可憎的铁柱"。1889 年竣工时，它是当年大获成功的巴黎世博会的入口。莫泊桑的朋友们说他每天来这里，要么在铁塔下野餐，要么在塔上的餐厅吃饭，因为只有在那里他才不会看到这个怪物！

　　埃菲尔铁塔绝不像"三百人"所说的那样毫无用途，而是

工程师莫里斯·克希林的草图
1884 年

成了一个重要的通信支柱。埃菲尔"面目可憎的铁柱"不仅通过新的无线电技术来广播莫泊桑的故事，数年后还播放了由此改编而成的电视剧。不仅如此，在一战初期，铁塔中的一个无线电发射器干扰了德国的无线通信，最终使巴黎免遭入侵。曾在1870—1871年普法战争中服役的莫泊桑会不会因此改变自己的论调呢？

也许会。但这位作家在1893年英年早逝，并被安葬在蒙帕尔纳斯墓地，这也让19世纪探究究竟何为艺术的态度就此终结。俯瞰着这座城市墓地的是1973年建成的蒙帕尔纳斯大厦（Tour Montparnasse），一座令人眩晕、毫无表情的摩天楼。针对它的批评铺天盖地，以至于从那以后城市中心再没有被允许建造一座七层以上的新建筑。至少这一点是值得20世纪末的莫泊桑们大书特书的。

至于埃菲尔铁塔，它已不仅仅是有用，而是受人敬仰甚至爱戴的。时至今日，超过2.5亿人通过电梯或楼梯登上了这根"面目可憎的铁柱"。而在高技派建筑与结构工程奇观层出不穷的时代，它的设计和施工看上去更加妙不可言。7500吨铁件中的250万个铆钉孔的位差被控制在0.1毫米之内，而那是一个用马车将构件运到工地的时代。

当埃菲尔和记者谈到铁塔的形象时，他说："大自然的规律不总是与和谐的奇妙法则相符的吗？"不过，当这位工程师第一次看到铁塔的方案时，他对这种毫无艺术感的外观忧心忡忡。他的助手，28岁的莫里斯·克希林（Maurice Koechlin）绘制了这个让埃菲尔留名的"巨塔——底部四个分开的格构梁，通过等间隔的金属桁架拉接起来，并在顶部汇聚到一起"。埃菲尔让他的伙伴建筑师斯蒂芬·索韦斯特（Stephen Sauvestre）做一个更符合巴黎品位的设计。索韦斯特在底部增加了装饰性的拱券以及各种边饰，把铁塔打扮得像是在战神广场参加上流舞会一样。

这座设计寿命 20 年的铁塔，已然成为与莫泊桑崇拜的圣母院一样长久屹立在巴黎的纪念碑。它是一个地标、定位点和通信支柱。每当夜幕降临，它就会披上华丽的五彩光，展现出它坚毅性格之外活泼的一面。对于许多有文化的巴黎人来说，埃菲尔铁塔在 1889 年曾是一个艺术败笔。在莫泊桑发表讨伐信前的 100 年，他的同胞正在声讨巴黎圣母院这样的中世纪哥特大教堂的幽暗与粗野。如今，我们对这两座建筑都欣赏有加，甚至会在仰望这座曾被莫泊桑和他的"三百人委员会"深恶痛绝的铁塔时，读一读他的短篇小说。

法西斯宫 / 人民宫

古典，还是现代？

从"法西斯宫"到"人民宫"名称的改变几乎说明了这座举足轻重的 20 世纪意大利建筑的一切。它由朱塞佩·泰拉尼（Giuseppe Terragni）设计，1932 至 1936 年建成，位于科莫大教堂（Como Cathedral）旁。它是贝尼托·墨索里尼 20 年专制统治下建造的意大利法西斯党地区活动中心和总部之一。尽管从建筑本身来讲，它的精美是无与伦比的。

当墨索里尼被枪决，并倒挂在米兰的灯杆上时，泰拉尼的法西斯宫（Casa del Fascio）随即成为民主世界的人民宫（Casa del Popolo）。它平和的建筑既古典又现代，与一个新的政治社会秩序毫无冲突，即使那在它的建筑师——一位狂热的法西斯主义者眼中，此种社会秩序是令人厌恶和怯懦的。

法西斯宫提出了重要的问题。政治怎么会影响建筑的形式和特征？法西斯建筑或民主建筑究竟是否存在？我们能否将纳粹建筑与古典柱式、雄伟的穹顶和开阔的游行广场联系在一起？或许可以。

而如今，大多数人走过恩斯特·扎格比尔（Ernst Sagebiel）的柏林前航空部时，都不会把这座壮观的办公大楼与纳粹主义的罪恶联系在一起。尽管它曾是赫尔曼·戈林的总部，纳粹力量的象征。但对于大多数人而言，它并没有比壳牌中心（Shell Centre，1961 年）有更多的政治倾向。这座 26 层高的壳牌总部大楼位于伦敦中部，由霍华德·罗伯逊（Howard Robertson）设计。这位建筑师生于美国，曾于一战中在前线与德军交锋，而后晋升上校，被授予英国军功十字勋章和法国荣誉军团勋章。罗伯逊还被选为英国皇家建筑协会主席，是一位彻底的民主党人。尽管如此，若是德国赢得了二战，纳粹也很可能命人建造一座与壳牌中心一模一样的总部大楼。

法西斯宫的设计是一个完美的正方形，高为宽的一半。里面包围着一个用于游行和公共集会的庭院。尽管它造型简洁，建筑却很复杂。每个立面都不相同，而在室内合为一体。很多人都认为它像一个巨大的魔方。这座混凝土和玻璃的建筑表面为白色大理石——既通透又闭合——给人一种 20 世纪古典神庙或文艺复兴宫殿的感觉。它单从建筑本身来看，就是有史以来最伟大的建筑之一。

至于朱塞佩·泰拉尼，他在 1943 年 7 月逝世，享年 39 岁。几周之后，意大利向盟军投降。他绝不会知道这座建筑将被改名，并在一个全新的世界里受人仰慕和爱戴——甚至比 20 世纪 30 年代更胜一筹。

埃菲尔铁塔为何伟大

古根海姆博物馆，毕尔巴鄂
标志性的建筑小品，还是充满灵感的城市雕塑？

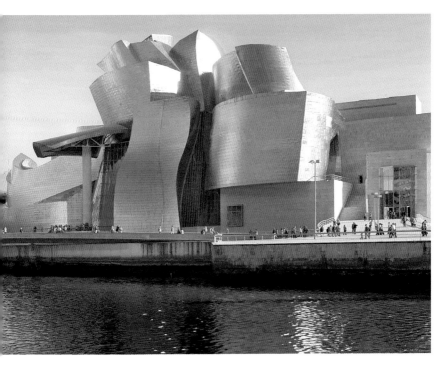

从内尔维翁河
看古根海姆博物馆
毕尔巴鄂

毕尔巴鄂古根海姆博物馆是当之无愧的奇观。它的落成与这座建筑本身一样是个传奇。1997 年 10 月 17 日，就在国王胡安·卡洛斯一世即将宣布这座博物馆落成的前一天，巴斯克埃塔（ETA）恐怖分子刺杀他的阴谋败露了。三名化装为园艺师的恐怖分子试图在杰夫·孔斯滑稽的《小狗》雕塑旁的花盆中放置炸弹。这个雕塑靠近博物馆的入口，而西班牙国王就将在这里向参加仪式的人群致辞。巴斯克警官何塞·玛丽亚·阿吉雷阻止了这场阴谋，却被伪装的园艺师枪杀。

弗兰克·盖里（Frank Gehry）的博物馆无疑给毕尔巴鄂以及当代建筑和城市规划带来了爆炸性的影响。它的造型独一无二，极具雕塑感的曲形钛板披着阳光，洋溢着充满智慧的灵气和富有韵律的情感，向全世界的游客、评论家和政治家散发出耀眼的光芒。这座具有难以名状之美的建筑曾经是毕尔巴鄂的废旧船坞，相比之下，2015 年在赫尔辛基城市中心的古根海姆博物馆的设计就显得笨拙了。

盖里的杰作为毕尔巴鄂几乎已被遗忘的角落注入了新的生命，为它创造出灵动的天际线。从 1997 年到 2000 年，它为这座城市带来了 400 万游客。巴斯克政府宣称从 400 万游客那里得到的收入足以支付建筑的施工经费。

受游客欢迎的它也让评论家拍手叫绝，并让无数城市的政客大发奇想。这种所谓的"毕尔巴鄂效应"若是能在其他地方复制会怎样？蜂拥的游客、可观的收入，还有政客垂涎的功绩和荣誉！而事实的确如此。世界各地的城市竞相建造最怪癖、标新立

异和"标志性"的建筑。不到十年，不仅博物馆和艺术馆，就连办公楼和市政厅都以古怪的造型成为全球城市大花园中的一朵朵奇葩。

其中的问题，就像勒·柯布西耶和密斯·凡·德·罗的作品一样，在于并非每个希望成为与弗兰克·盖里一样有创造力的建筑师，都和他一样有创造力。也不是每个大城市的中心都需要一座像毕尔巴鄂古根海姆博物馆一样绚烂的建筑。建筑和城市规划既是艺术，也是财政和尚不完美的科学的产物。毕尔巴鄂适得天时地利，可太多的城市走上了错误的道路，以滑稽怪诞的建筑成为科学与艺术的笑柄。

小气的批评家趁势刁难弗兰克·盖里，就好像这位特立独行的加裔美国建筑师蓄意挑起了全球小丑建筑风波。到了 2015 年，对"标志性"建筑的反对已成为批评的标准内容。与此同时，作为建筑师和艺术家的盖里继续沿着毕尔巴鄂古根海姆博物馆的道路，给世人带来喜悦和愤怒；而这座建筑已然成为 20 世纪的一大奇迹。

包豪斯，德绍
现代天堂的幻境，还是功能主义的炼狱？

包豪斯由瓦尔特·格罗皮乌斯（Walter Gropius）于 1919 年在德绍创立，是融合了艺术、设计、工艺和建筑的综合性学校。其宗旨是将艺术和设计技能与工业需求结合在一起。专为这所学校而建的总部由格罗皮乌斯设计，于 1925 年竣工。它是工业功能主义的典范，是一座体现了格罗皮乌斯核心理念的精美厂房。

包豪斯用这座全新的建筑向欧洲大陆传播它的理念，为新一代青年建筑师带来启迪。然而，格罗皮乌斯的思想并不总能落地生根。在英国，包豪斯备受质疑，甚至遭到嘲笑。在敏锐的青年出版商休伯特·德·克罗宁·黑斯廷斯的主持下，英国 20 世纪 20 年代末的前沿建筑杂志《建筑评论》聘请了一批评论家，其中包括见多识广的菲利普·莫顿·尚德，他向读者介绍了欧洲大陆的最新动态。

此外，黑斯廷斯还聘请了善变莫测的青年约翰·贝奇曼——未来的获奖诗人。他在《建筑评论》上的早期文章包括《现代主义之死》（The Death of Modernism），而在它发表时大多数英国

德绍包豪斯（建筑大楼）

格罗皮乌斯在包豪斯的办公室

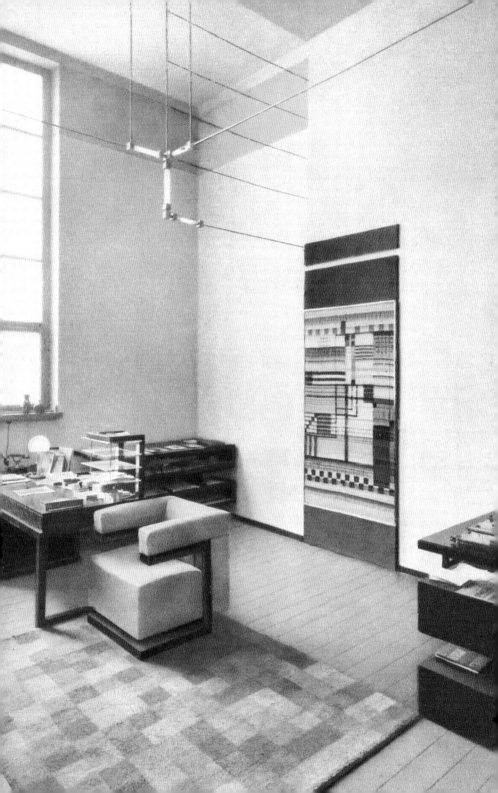

建筑师对包豪斯还知之甚少。

1927 年，勒·柯布西耶的划时代巨著《走向新建筑》（*Vers une architecture*，见本书第 108 页）首次被译成英文。而就在一年后，贝奇曼的朋友伊夫林·沃出版了他的首部小说《衰落与瓦解》（*Decline and Fall*）。在这部辛辣诙谐的小说中出现了一位奥托·西勒努斯教授，这位毫无幽默感的德国青年建筑师突发奇想，要建造一座新的包豪斯风格的时尚乡间别墅。"在我眼中，建筑的问题，"他告诉一位来访的记者，"正是一切艺术的问题——将人的因素从对形式的考量中剔除。唯一完美的建筑就是工厂，因为那是为安置机器建造的，而不是为人。"

在这种奇特的英国式抨击之外，这座德国设计工厂也面临着真实的批判。妇女可以学习和从事纺织与装饰艺术创作，但不能设计建筑。格罗皮乌斯将设计建筑作为男性特有的职业。包豪斯大楼以及受它启发而建的许多建筑都冬冷夏热，需要更多的维护，而不像它的"功能主义"设计之名给人的印象。那些怀疑"现代主义"的人质疑包豪斯更多地关注形象，而不是功能主义建筑和设计；这种观点似乎由此得到了印证。

耐人寻味的是，当英国人在二战后决定走向现代时，他们那种无情的严酷甚至令瓦尔特·格罗皮乌斯惊诧不已。此时包豪斯的这位创立者已移居美国，而他在那里设计的建筑与包豪斯学院相去甚远。20 世纪 60 年代，他大胆地去尝试设计英国建筑，为休·赫夫纳设计了梅费尔的花花公子俱乐部（Playboy Club）。这座建筑或许又有点太接近"人"这个元素了，尤其是它谄媚的女性化造型。

神圣裹尸布小圣堂，都灵
宗教奇迹，还是建筑奇观？

对勇于探索结构奇观和揭开惊心之谜的冒险家来说，有一个难以抗拒的诱惑，那就是从意大利北部的都灵大教堂唱诗席与远远地隐藏在它后面的圆形神圣裹尸布小圣堂之间走过的感受。

仰望瓜里尼穹顶的交错魅力

只要不是对建筑上的独到匠心全无兴趣的人，一生都至少要来这里朝觐一次。

圣尸布，一块不可思议的印有人形的亚麻布，数百年来困扰着虔诚的基督徒、公开的怀疑论者、科学家、艺术家和阴谋理论家。无论你对它的看法如何，为存放这件萦绕在世人心头的圣物而设计的礼拜堂无疑是个奇迹。遗憾的是，它在 1997 年被大火烧毁，直到 2015 年仍在封闭复原。

从都灵大教堂的半圆形后堂出发，游客爬上圣经黑（bible-black）的大理石楼梯，就会进入这座礼拜堂里。那儿也镶着适合葬礼用的黑色大理石，但熠熠放光。在礼拜堂的核心有一个黑色和金色的祭坛，这座繁复的巴洛克杰作出自建筑师兼工程师安东尼奥·贝尔托拉（Antonio Bertola）之手。在靠近层层包镶的顶部，一个玻璃匣陈列和保护着这块神秘的裹尸布。

不过，这里真正的奇妙之处——令人叹为观止的奇迹——是从祭坛正上方令人惊奇的穹顶缝隙间洒下的遍地阳光，展现出这个充满崇敬与迷乱之地的空间体量。

神圣裹尸布小圣堂建于 1668 年至 1694 年，是卡米略-瓜里诺·瓜里尼（Camillo-Guarino Guarini）蕴含无限灵感的杰作。这位基廷会牧师作为罗马天主教反宗教改革派成员，是意大利巴洛克名建筑师中匠心独运的一位。这座令人折服和迷乱的建筑以层层交错的石制几何构件高耸于祭坛之上，意在让裹尸布的神秘感得到突出与升华；同时又赞颂了这座建筑的赞助人及圣物的守护者——萨伏依王朝的查理·伊曼纽尔二世。

即便对萨伏依王朝及其保管的这块神秘亚麻布的质疑不断，瓜里尼礼拜堂和炫目的穹顶的魅力依旧不减。或许，这一设计的信心不只源自瓜里尼无可辩驳的艺术手法，更源于他所信奉的宇宙地心说——以地球为神造万物的中心——和他对数学的精通。他在这些方面写有四部著作，其中之一，《欧几里得扩论》（*Euclides adauctus*）是关于画法几何的早期专著，即通过二维表现三维物体和空间的方法。正是这种技法让瓜里尼创造出了想象力和几何精度都极高的穹顶：即便用今天的计算机程序，它的结构也需要相当长的时间来建模。

在开始建造这座礼拜堂的几年前，瓜里尼在西班牙度过了一段时间，研究摩尔建筑。再看一下他的穹顶就会发现，科尔多瓦大清真寺的交织几何形式在它交错后退的结构要素中非常明显。在罗马，瓜里尼也应该钻研过之前的巴洛克建筑师弗朗切斯科·博罗米尼（Francesco Borromini）令人赏心悦目、具有强大建筑表现力的教堂。然而，在这些影响以及都灵主顾的傲慢要求之外，还有别的东西给这个设计带来了灵感。当然，这就是裹尸布本身。对于这位杰出的基廷会牧师，这件圣物借用丘吉尔的名言来说就是"包在谜团里的谜中之谜"。瓜里尼的才华让这个神圣的谜更加扑朔——它被罩在一个无比复杂、富有宗教神秘色彩的穹顶之下。

　　瓜里尼的杰作展示了如何以三维空间表达难以名状的神秘感。空间被阳光穿透，变幻无穷，让人仿佛能够看到暗影、触摸到光。神圣裹尸布小圣堂一直是建筑艺术和用数学表达设计思想的巅峰。这一思想的扑朔迷离，一如瓜里尼让人瞠目的设计一样令人难以置信。这个奇迹既是瓜里尼登峰造极的神来之笔，也是它所包裹的神秘圣物。

解构主义
建筑与哲学的碰撞，还是与时尚的联姻？

"建筑的目标是永存于世，"克里斯托弗·雷恩爵士写道，"所以它在原则上就是唯一与样式和风尚无关的东西。"想象一下，把这句话说给解构主义者听会怎样？这群松散而尖刻的国际建筑师在20世纪末和21世纪初，曾尽其所能去颠覆建筑逻辑、秩序、品位和结构的悠久传统。

他们的领头人，至少在名义上，是雅克·德里达。这位阿尔及利亚裔法国哲学家关于符号学的大量论述，向西方文化的主流话语发起挑战并将它解构。

尽管这是一种完全合理的哲学探索——在巴黎的街角咖啡厅里，伴着茴香酒，让人或耸肩或皱眉的那种讨论——却在转化到建筑上时面目全非。

作为对后现代主义（Postmodernism，见本书第161页）的反击，解构主义（Deconstructivism）带来了刻意碎片化、极具视觉冲击力的建筑，其形式近乎混乱无序。这种风格最早出现在1982年巴黎的拉·维莱特公园设计竞赛中。竞赛的获胜者是伯纳德·屈米（Bernard Tschumi），他的设计方案是巴黎第19区中的一座公

埃菲尔铁塔为何伟大

园。它的造型是破碎的历史元素，整体为鲜红色，今天在园中就能看到。屈米还曾与德里达进行过长谈。

时刻关注建筑新风尚的菲利普·约翰逊（Philip Johnson）在1988年同建筑师、学者马克·威格利（Mark Wigley）在纽约现代艺术博物馆举办了一场"解构主义建筑"展览，展出了七位当代建筑师——弗兰克·盖里、扎哈·哈迪德（Zaha Hadid）、雷姆·库哈斯、蓝天组（Coop Himmelb(l)au）、丹尼尔·里伯斯金（Daniel Libeskind）、彼得·艾森曼（Peter Eisenman）和伯纳德·屈米——颠覆性的作品。尽管只有艾森曼和屈米明确地将他们的作品与德里达和解构主义联系在一起。

丹尼尔·里伯斯金的早期建筑作品凸显了德里达提出的"思想的碎片化"，尤其是他的柏林犹太人博物馆（Jewish Museum，2001年）。这座博物馆的结构以及它碎片化的平面引起了20世纪30年代和40年代对柏林犹太人的隔离与迫害的共鸣。然而，事实上，像里伯斯金、哈迪德和盖里这样的建筑师的作品是十分个性化的。它们更多地出自想象和实际的考虑，而不是法国符号学。尽管弗兰克·盖里设计的德国莱茵河畔魏尔的维特拉设计博物馆（Vitra Design Museum, 1989年）和雷姆·库哈斯设计的西雅图中央图书馆（Seattle Central Library, 2004年）这两个大相径庭的建筑都被贴上解构主义的标签，但在这个泛称之外是没有任何意义的。

如同后现代主义一样，解构主义成了一种让古怪的建筑在全世界涌现的风尚——直到2015年也看不到一个清晰的终点——各种时髦的造型被计算机程序创造出来，而不是因为法国哲学。

拉·维莱特公园小品，巴黎
伯纳德·屈米

黎明宫的南立面
俯瞰着尼迈耶的倒影池

黎明宫，巴西利亚
包豪斯在巴西，还是巴西走向包豪斯？

1936 年，年轻的巴西建筑师奥斯卡·尼迈耶被派去迎接勒·柯布西耶。这位当时最伟大的现代主义建筑师刚刚乘坐跨越大西洋的德国飞艇"策佩林伯爵号"抵达里约热内卢。柯布西耶从空中降落，尼迈耶告诉我，仿佛"伟大的神灵在俯瞰他渺小的崇拜者。我们对他自然是敬畏有加。我们知道我们应该了解关于瓦尔特·格罗皮乌斯和包豪斯的一切，却又从勒·柯布西耶身上看到了机器崇拜之外的某些东西，以及一种严苛的欧洲风范"。

虽然勒·柯布西耶从奔放的巴西造型中得到了很多灵感，但将它们发展为鲜明个人特色的却是尼迈耶——即使勒·柯布西耶是他的导师。尼迈耶与卢西奥·科斯塔（Lúcio Costa）一同接受了期盼已久的巴西新首都巴西利亚的设计委托。在那里尼迈耶第一座具有纪念意义的建筑是轻盈通透的黎明宫（Palácio da Alvorada, 1958 年），即巴西总统府。这座壮丽的宫殿在水岸边上熠熠放光，简洁而齐整。绿草如茵，蜂鸟簇拥。下方是为远离里约热内卢和大海的新城设计的水道——帕拉诺阿湖。

"巴西利亚就是巴西新时代的黎明！"激情澎湃的总统儒塞利诺·库比契克说道。他希望只用四年就建成这座新的首都，而这也是现代主义建筑的新黎明。在这里，现代主义设计的理性与巴西艺术文化绚烂的色彩、奔放的视觉效果与充沛的活力交织在一起。在这里，现代主义艺术与古老的挂毯并置，巴洛克与包豪斯齐鸣，18世纪英国的齐本德尔式（Chippendale）座椅与密斯·凡·德·罗的巴塞罗那椅争辉。波光粼粼的湖水轻轻荡漾，点点光斑在各式各样的大理石地面和纯白色的天花板上跳跃。现代与古代艺术设计的结合，理性与感性建筑的交融，无不令人心醉。

　　虽然黎明宫有德国现代主义的因素——就像尼迈耶的名字源于德国一样——这座动人的建筑也的确与德绍和包豪斯有着漫长的渊源，不论在地理上、文化上，还是航程上。

　　"我总是希望建筑尽可能地轻盈，"尼迈耶说，"让它轻轻地立在地上，然后直冲云霄，震撼人心。建筑是创造，它必须让人感到愉悦和实用。如果只关心功能，那结果就会不堪入目。我的很多作品都是政治性和公共性的纪念建筑，但或许其中有些也给了并无权力的普通人一种快乐的感受。"

　　奥斯卡·尼迈耶还有一个故事。"瓦尔特·格罗皮乌斯到我在里约热内卢卡诺阿斯的家里见我。我的设计采用了一连串自然曲线，让它们在现有的景观中流动。他说：'这很美，但没法大规模生产。'难道我真的想那么做吗！真是个白痴。"

埃菲尔铁塔为何伟大

水晶宫

365 天的奇迹，还是史上最有影响力的一座建筑？

在宣布将于 1850 年伦敦中部举办万国工业博览会后的三周内，由土木工程师威廉·丘比特任主席，罗伯特·斯蒂芬森和伊桑巴德·金德姆·布律内尔以及新威斯敏斯特宫的合作建筑师查尔斯·巴里等人组成的高级委员会，收到了全世界为第一届世博会设计的 253 个场馆方案。只是它们被委员会一一否定。

1851 年 5 月的截止日期一天天临近，仍没有出现好的方案。园艺师和温室设计师约瑟夫·帕克斯顿（Joseph Paxton）决定尝试一下。他的第一张草图是在火车上拿粉色吸墨纸用钢笔画出来的，所幸这个神来之笔得以保留至今。帕克斯顿设想的是一座庞大的预装配建筑，长 563 米。它的铸铁和平板玻璃构件通过批量生产，再尽可能高效地运到海德公园，然后用最快、最新的方法组装起来。

平板玻璃在当时刚刚问世，而帕克斯顿就以这种新材料作为他"水晶宫"整个方案的基础。如此一来，这座巨大的展厅不仅轻巧、便于装配，而且数以千计的玻璃窗将带来明亮的室内，几乎不需人工照明。夏天的酷热因卷盖在玻璃面关键位置上的百叶和帆布控制。

帕克斯顿的杰作无疑是一个伟大的成功，它高大、无柱的空间让展览设计师的想象力自由驰骋。来到这里的 600 万观众——相当于那时英国人口的三分之一——会被这个全球艺术与贸易的奇迹惊呆，甚至愿意花钱使用安装在展厅里的公共冲水卫生间。眼前的一切必定让他们赞叹不已。所以，当万国工业博览会在十月结束时，人们决定将这座建筑拆掉，并在伦敦东南部重新组装起来——成为一座更大的建筑！

虽然水晶宫在伦敦中部似乎是昙花一现，后来它却成为大受欢迎的娱乐场所。那里有一切可以想象出来的娱乐形式——从阳春白雪到下里巴人。直到 1936 年的一天晚上，不知什么原因起了火，水晶宫轰然爆炸，灰飞烟灭。

但这就是水晶宫的终结么？不。不仅帕克斯顿的建筑赢得了大众的赞誉，而且他的设计得到了建筑师、工程师和承包商的认可。这比采用其他常规材料的设计方案造价低得多，而且施工的时间也创造了纪录。不仅如此，它证明了建筑内部可以形成真正灵活多变的空间；在这种建筑里，一切皆有可能：仓库、办公室、工厂、火车站、机场、购物中心、劳合社……所有这些用途都实现了，尤其是在 20 世纪 70 年代以后。这些各式各样、经久不衰的建筑都自觉或不自觉地以帕克斯顿的水晶宫作为灵感的源泉。

INTERIOR OF THE GREAT EXHIBITION OF ALL NATIONS.

万国工业博览会期间的室内彩色表现图

1851 年

上：特色鲜明的室外彩色管道

下：从公共广场看有
玻璃扶梯管道的外观

蓬皮杜中心，巴黎
炼油厂，还是精致的公共美术馆？

蓬皮杜中心（Pompidou Centre, 1977 年）是由建筑师伦佐·皮亚诺（Renzo Piano）和理查德·罗杰斯（Richard Rogers）与结构工程师彼得·赖斯（Peter Rice）带领的团队设计的。它是 20 世纪最异乎寻常、具有里程碑意义的一座城市中心建筑。

与约瑟夫·帕克斯顿 1851 年的水晶宫如出一辙，设计竞赛的获胜者也让人意料不到——年轻、留着胡子和长发——而方案有如天外来物。皮亚诺、罗杰斯和赖斯构想出来的是一座像水晶宫一样的巨大厂房。它由铁、混凝土和玻璃建成，有着宽敞的开放式室内空间。这就使得在这个艺术界"偶发艺术"（happenings）盛行的时代，一切都成为可能。罗杰斯本人把它比作"大英博物馆与时代广场交融的产物"。这是人们可以想象出来的最时髦的公共建筑设计。这座颠覆传统的文化中心属于由皮埃尔·布莱的音乐、安迪·沃霍尔的艺术和让-吕克·戈达尔的电影构成的新世界。

观众每年有 600 万之多，比预计多了五倍；而他们需要在建筑室外的玻璃管道里上上下下，去往中心各层。

这样就留出了方整的室内空间，让观众在动态中欣赏巴黎中部的景色，并给这个壮观的蓝红白建筑的立面带来活力。

这是一座不同凡响的建筑机器，在向周围规规矩矩的低层房屋挤眉弄眼。这样的项目竟然能得到委托，看起来是不可思议的——尤其是在戴高乐主义法国总统乔治·蓬皮杜执政期间。而这座中心就是以他的名字命名的。

今天为人们喜闻乐见的蓬皮杜中心，在 20 世纪 70 年代曾是一个饱受争议的项目。但与水晶宫不同，它不会迁建。为了建造它，被称为"巴黎之胃"、广受欢迎的巴黎大堂食品市场被推平——而它的外形竟被比作炼油厂。当理查德·罗杰斯向一位巴黎老妇人说起自己是它的建筑师之一时，她竟拿起雨伞就打。

在设计方案展示给尊敬的乔治·蓬皮杜时，他做了个法式耸肩，只说了一句"这会出响啊（Ca va faire crier）"。的确。或许，比开足马力的炼油厂还响。只不过现在很难想起没有蓬皮杜中心的巴黎了。

赛于奈察洛市政厅，芬兰
令人信服的新本土建筑，还是
庸俗本土建筑的"先驱"？

赛于奈察洛市政厅（Säynätsalo Town Hall）披着一层层优雅的暖红色砖，坐落在派延奈湖一座小岛中心的台地上。这座建筑于 1952 年启用，是芬兰建筑师阿尔瓦·阿尔托（Alvar Aalto）最杰出的作品之一。它的设计不仅包括了这个小社区的市政厅，还有商店、公寓和图书馆，并让这座有着完美韵律的建筑给周围的森林带来生机的同时与之融为一体。不管怎样，这是 20 世纪现代主义与心灵、灵魂和场所感的结晶。

它谦和地将意大利文艺复兴宫殿、罗马（或希腊）广场和鲜明的现代主义设计理念与大自然结合在一起。通向议会厅区入口的大台阶由绿草覆盖的当地木材制成，洁白而明亮的议会厅木屋顶在向欧洲中世纪市政厅致敬。外墙砖砌得略带起伏，赋予建筑一种手工感和温情。

所以，谁也不能批评这座迷人的芬兰建筑——它既理性又实用，既有动人的智慧又与乡村的环境和谐融洽。但，它也不是完全没有问题。赛于奈察洛的一个问题是——虽然不怪它自己——20世纪70年代和80年代，数以千计阴沉的"本土"砖建筑在欧洲随之而来，尤其是市政厅。

从真挚和善意的建筑师的角度看，建造这些同样有温度的建筑是很合理的举措——他们希望摆脱大多数公众（包括他们自己在内）眼中冰冷、生硬甚至野蛮、缺乏技艺与灵魂的现代主义建筑的印象。然而，一两道坡屋顶、砖墙和木窗框与真正的本土设计相去甚远，更不是令人信服的建筑。

通往内院的草坪台阶

这种衍生出来的"新本土"风格转瞬即逝。真的本土设计源于对地方的理解。它不是一种风格，而是一种观察、思考和感受的方式，是将建筑与本地文化和历史以及景观和材料联系在一起的途径。在赛于奈察洛这个远离赫尔辛基的造纸小镇上，阿尔瓦·阿尔托展示了如何以最令人信服的方式塑造出现代本土建筑。

卡尔卡松
向中世纪欧洲的回归，还是
迪士尼乐园的种子？

从朗格多克－鲁西永大区遍地的葡萄田和崎岖的山峦望去，卡尔卡松无处不体现出中世纪城镇的完美。它的角楼、高塔和城垛让人联想到一个传奇般的世界，那里有风度翩翩的长矛骑士、温文尔雅的芊芊少女和为上帝而战的骁勇军人。倘若历史上真的曾有位国王在一个圆桌厅里召集会议，下令去寻找圣杯，那就是这里。这件神器最早出现在《帕尔齐法尔：圣杯传》中，而克雷蒂安·德·特鲁瓦的这部 12 世纪法国传奇从未终结。

走近卡尔卡松，穿过它奇特而完美的门道，就会发现这是现代旅游的一个胜地——棒球帽取代了羽毛头盔，T 恤衫代替了中世纪短衣，而自拍杆换掉了宝剑。若是有人以这样的方式进来，然后问"这是中世纪的朗格多克，还是迪士尼乐园"？谁也不能怪他愤世嫉俗。这是一个非常普遍的问题。

卡尔卡松至迟从罗马时代起就是一座军事要塞，到 19 世纪中叶已是破败不堪，以至于 1869 年法国政府下令要拆除这座昔日壮观的中世纪要塞——它几乎代表了这座小镇。但一场骚乱随

之而来。当年年底，建筑师和理论家欧仁·维奥莱公爵（Eugène Viollet-le-Duc）受命修复它。

　　维奥莱公爵对修复有独到的见解。"修复一座建筑，"他在《百科全书》（*Dictionnaire raisonne*）中写道，"不是去维修、修葺或重建，而是要让它达到一种完整的状态，即便这可能在历史上的任何时刻都未曾有过。"此时他已经修复了巴黎圣母院，并在那里加上了他幻想中的细部和吐水兽。在卡尔卡松，维奥莱公爵拆除了他认为与这个伟大工程不相称的古代建筑，使用了从法国各地运来的建筑材料，并因此招来非议。

这就让法国哥特复兴主义者成了其他国家保护主义者眼中的妖怪，尤其是在英国。

声名显赫的维多利亚时代批评家约翰·拉斯金倡导的是对历史建筑进行温和而真实的复原。拉斯金的大旗被设计师、诗人和政治激进派威廉·莫里斯接过。他以自称秉持"反刮擦"（anti-scrape）的原则成立了古建筑保护学会。按照这一理念，数百年积淀形成的岁月之痕在任何条件下都不可以从宝贵的建筑上擦去。

这对于维奥莱公爵来说是一派胡言。而这也是为何卡尔卡松有着精美的 19 世纪舞台布景效果，而不像一座修复后的中世纪要塞城。即便在今天，法国保护主义者（见沙特尔大教堂，本书第 26 页）仍有一种效法维奥莱公爵大手笔的趋势，尽管几乎全球各地都已接受"反刮擦"的理念。卡尔卡松的确有一种迪士尼乐园的味道，沃尔特·迪士尼和他的同事对这座修复后的小城的形象颇为欣赏。然而，回望那遍地的葡萄园和回荡着卡特里派教徒传说的群山，卡尔卡松是何其壮观！

俄国革命建筑
短暂的荣光，还是永恒的灵感宝库？

　　历史上出现过真正的革命建筑吗？大体上看，建筑的历史是连续的，偶尔有颠簸和摇摆。然而，现代历史上有过一个短暂的时期，建筑与革命真的联合在一起。尽管布尔什维克革命的领袖在 1917 年推翻了数百年的沙皇统治，他们却对艺术和建筑的最新动向漠不关心。他们宣扬的新社会理想鼓舞了一代建筑师，使他们不懈地探索用一战前激进的新理念释放革命思想的洪流。

　　那就像一道闪电从 20 世纪初的建筑大潮中划过。这几年中，建筑师们取得了非凡的成就。弗拉基米尔·塔特林（Vladimir Tatlin）提出了 400 米高的"第三国际（一个世界性共产主义组织）纪念碑"方案。这座红色的钢塔绕着一条倾斜的轴线盘旋而上，周围是绕它旋转的玻璃房间。莫伊谢伊·金茨堡（Moisei Ginzburg）和伊格纳季·米利尼斯（Ignaty Milinis）设计了莫斯科苏联财政部（Narkomfin）大楼。这座硕大的混凝土公寓楼比勒·柯布西耶的马赛公寓（Unité d'Habitation）早了 20 年。用于社会主义生活的财政部大楼有公共的厨房和洗衣房。它的目的是将妇女从农奴地位中解放出来，让每个人都不受资本主义的控制。此外，

工人俱乐部存在于标新立异的建筑中，其中最著名的就是康斯坦丁·梅尔尼科夫（Konstantin Melnikov）设计的莫斯科工人俱乐部，它的特征是斜凸的悬挑混凝土楼面。此外，还有弗拉基米尔·舒霍夫（Vladimir Shukhov）160米高的广播塔，它的双曲面钢网壳在莫斯科的天际线上空回旋。

　　这些激动人心的设计启发了20世纪60年代的欧洲巨型混

凝土建筑、70 年代的高技派建筑，以及像詹姆斯·斯特林（James Stirling）、詹姆斯·高恩（James Gowan）、丹尼尔·里伯斯金、雷姆·库哈斯等极具个性的建筑师的作品。其中尤为突出的要数扎哈·哈迪德，她崇拜的是在一战后激发出这种创造力的建构主义建筑运动。

可惜好景不长。约瑟夫·斯大林在 20 世纪 30 年代开始反对现代主义设计。今天，许多在苏联的社会政治动荡中幸存下来的建筑状况都很差，它们代表着一种与现在的意识形态截然不同的文化。如今，是贪婪的地产开发和粗糙的设计横行于世。

不过，在奇妙的历史转折中，俄国革命建筑在资本主义的西方延续下来。短短几年天马行空的创造力带来了取之不尽的形象和概念的宝库，被其他国家的建筑师劫掠了几十年之久。若是梅尔尼科夫、舒霍夫和塔特林看到建构主义更多地为资本主义所用时会是怎样的情形，又多么具有讽刺意义！

泥
伟大的，还是原始的建筑材料？

在钢铁、钢筋混凝土与化学聚合物的世界里，泥看上去怎么也不是一种严肃的建筑材料。泥？毫无疑问，这不过就是孩子们玩的软巴巴的脏东西，猪和河马会在里面打滚。

然而，泥也能成为一种可塑性强、优美而耐久的材料！看看马里杰内和廷巴克图震撼人心的泥筑清真寺。前一个始建于1325年，于1907年重建。这些草拌泥筑的建筑在不断翻新，从而赋予了它们真正有机的特征。它们与周围的景观浑然一体，就连材料也都取自这片土地。

泥也被用来建造整个城镇，比如伊朗的巴姆（遗憾的是它毁于2003年的大地震）、摩洛哥的瓦尔扎扎特（这个极具异域风情的地方出现在很多电影中，比如《阿拉伯的劳伦斯》《角斗士》和《国王迷》），以及也门的"沙漠曼哈顿"希巴姆。

对于大多数游客，第一眼看到沙漠中的希巴姆时既困惑又兴奋。在这里，成群的塔楼可高达11层，高度30米。这些16世纪的建筑大约有500座，在群山的映衬下形成了迷人的天景。那壮观的景象仿佛海市蜃楼的曼哈顿。

埃菲尔铁塔为何伟大

马里的杰内清真寺

　　不过，近看就会发现，很多建筑都遭到了破坏，原因除了洪水和恐怖主义——2009 年基地组织对小镇发起了攻击——还有导致水分渗入泥墙并造成破坏的洗衣机等家用电器和现代管道。

　　事实证明，泥是一种伟大的建筑材料。它为我们创造出了具有奇异之美的建筑。大自然的机缘，让最为壮观的泥筑建筑和泥筑城市屹立在世界上条件最为恶劣的地区，这片土地上有过高温、洪水、地震、宗教战争和内战。即便如此，童话般的希巴姆比无数欧洲城市和发达城市的生命都更长久。正如马里的清真寺，那是一个永恒的建筑与城市奇迹。

施里夫、兰姆与哈蒙事务所
谁能设计出世界上最著名的
一座建筑之后被遗忘？

1931 年竣工，数十年保持世界上最高建筑的纪录，443 米高的帝国大厦一直是曼哈顿最具代表性的地标建筑，而它的历史更是波澜起伏。

这一项目的委托人是声名显赫的纽约金融家约翰·拉斯科布。他为通用电气工作，是教皇的骑士、13 个孩子的父亲。这座建筑的目标是超过 42 街上新的装饰艺术风格（Art Deco）的克莱斯勒大厦。据说拉斯科布曾问他的建筑师："只要大厦不倒，你能把它建多高？"

这座 102 层的摩天楼设计像一个拉长的山岳台，外覆印第安纳石灰石，并以创纪录的速度从第五大道拔地而起。但是，到赫伯特·胡佛总统宣布它落成时，华尔街已经崩溃，美国陷入大萧条。虽然好莱坞电影《金刚》将这座摩天大厦介绍给了全世界的电影观众，入驻的商户却寥寥无几，而它也被戏称为"空置大厦"。

二战爆发后，大厦成了政府办公楼。在那时，这座大厦就险些毁于一旦。1945 年 7 月 28 日，美国陆军航空军一架 B-25 米切尔型轰炸机，穿过团团迷雾撞上了安置于第 79 和第 80 层的美国天主教福祉会，夺去了 14 条生命。直到五年后，帝国大厦才开始盈利。

2001 年，"9·11"事件震惊了世界。世界贸易中心双塔被夷为平地，3000 人丧生。帝国大厦再度成为纽约最高的建筑。直到 2014 年，541 米的世贸中心一号大厦又超过了它。

极具魅力的帝国大厦无疑在重大的历史时期走过了不平凡的路程，但它的建筑师却鲜为人知——去第五大道一问便知。设计这座世界闻名的摩天楼的是施里夫、兰姆与哈蒙事务所的威廉·兰姆（William Lamb）。这家事务所成立于 1920 年，在半个世纪中创造了一座又一座摩天楼，却同他们的大多数作品一样默默无闻，并不像帝国大厦那样名扬四海。

兰姆出生于布鲁克林，在哥伦比亚大学和巴黎美术学院上学，在建筑史上一直不为人知。而他那些长于规划和项目指导的合伙人更是如此。尤其是在 21 世纪初，建筑领域名人辈出的时代，无名的兰姆似乎与他实际的成就毫不相称。但是，施里夫、兰姆与哈蒙事务所和美国许许多多随之而来、默默地取得卓越成就的建筑事务所一样，很容易被视为商业机构，而不是文艺复兴式的艺术家。然而，当问到谁设计了帝国大厦时，应当毫不迟疑地回答：施里夫、兰姆与哈蒙事务所。

不过，在帝国大厦难以置信的无名建筑师背后也有令人欣慰的事。尽管它的高度非同一般，却与无数建筑组成的街景十分

融洽，而那些建筑并不为评论家或史学家问津。人们对建筑师留名的愿望出自文艺复兴时代，并随着艺术史和学术研究的发展与日俱增。我认为，那就是一种"我发现（I-Spy）"的心态：我们就是想知道谁设计了这座或那座建筑，即使它的线索扑朔迷离。

从上到下：
理查德·施里夫、
威廉·兰姆
查尔斯·哈蒙

斯坦斯特德机场
理想的航站楼，还是无聊的
购物中心？

　　1991 年，福斯特建筑事务所（Foster and Partners）设计的位于埃塞克斯的斯坦斯特德机场（Stansted Airport）新航站楼启用。对于航空业，这就像 20 世纪 90 年代末由弗兰克·盖里为艺术界带来的毕尔巴鄂古根海姆博物馆（见本书第 49 页）一样具有革命性的意义。诺曼·福斯特（Norman Foster）是一位经验丰富的飞行员，所以他希望自己的设计能给乘客提供尽可能合理而流畅的体验。

　　从进入航站楼那一刻开始，乘客就会清楚地看到前往出发口的路线，然后登上送他们去度假的飞机。斯坦斯特德机场与最早的民航机场一样简单易用。几十年来，随着航站楼在 20 世纪末逐渐变为希罗尼穆斯·博斯噩梦般的场面——却全无这位荷兰画家的艺术技法——航空旅行已然失去了它的魅力，而这座新的航站楼以高科技的手段让人们重新享受飞行。

　　福斯特的斯坦斯特德机场把当代机场的设计颠倒过来。航站楼运转所需的一切机器设备都放在地下。这样，同结构工程师彼

上：新建成时的室内
空间洁净，阳光从伞状屋顶穿过　　　下：今天成堆阻碍乘客流线的庸俗商铺

得·赖斯一起设计的屋顶就可以成为一把钢和玻璃的巨大阳伞。

相对于 20 世纪 60 年代初草草建成的无数机场中低矮粗糙、采用荧光灯照明的走廊，这座每天都有充足阳光照射空间的航站楼要惬意、人性得多。

考虑到斯坦斯特德机场是为低成本、团体旅游设计的，它对于福斯特的客户、英国航空管理局来说是一个意义重大，甚至是无私的决定。原先的美国战时空军基地已被改造为世界上最好的一座机场。然而好景不长……令福斯特大为恼火的是，这座优美的航站楼后来变成了一座毫无魅力的大市场。英国人对购物的狂热意味着每平方米可用的建筑面积都要让给浮华的商铺。这个商场让志比天高的斯坦斯特德机场设计师坠入谷底，摔得鼻青脸肿。

到了 21 世纪，大多数机场——不只是斯坦斯特德——都已成为城市边缘呆板的购物中心，让购物者觉得到达门、出发口和飞机都不过是后加的。然而，穿过斯坦斯特德机场的乘客数从当初规划的每年 800 万激增到 2000 万，越来越多的人把阳光下的廉享假日作为一种权利，而浪漫的客机已成为乏味的航班。

泰姬陵
伟大的建筑，还是更伟大的故事？

　　一个凄美的爱情故事，凝结在嵌满宝石、洁白而有光泽的大理石上——泰姬陵一直是世界上最动人的建筑之一。这座壮美的穹顶墓是莫卧儿国王贾汉在 1632 年为追忆因难产而死的爱妻穆姆塔兹·玛哈尔而下令建造的。

　　波斯建筑师乌斯塔德·艾哈迈德·拉合里（Ustad Ahmad Lahaurı）掌握着巨大的预算——相当于今天的 10 亿美元，以及约 20000 人的队伍，其中包括帝国最出色的工匠，还有 1000 头大象帮助运送建材。凭借这一切，他创造了闻名全球、流芳百世的不朽建筑。它那柔美婀娜的穹顶在四座直冲云霄的光塔之间亭亭玉立。

　　早在 19 世纪中叶莫卧儿帝国覆灭之前，泰姬陵就已遭到破坏，失去了它华美的装饰。1908 年，印度总督寇松勋爵下令进行修复。从此以后，游客如潮水般涌到亚穆纳河岸边，瞻仰这座矗立在肃穆的波斯花园中的陵墓。然而，令人惊讶的是，附近竟然建起了一座炼油厂，酸雨洒在泰姬陵洁白的大理石上。所幸近年来的修复工作对这座珍贵的建筑进行了保护。

新德里东南郊亚穆纳河岸数千米以外是莫卧儿先王胡马雍的陵墓。它是胡马雍王后下令建造的，由波斯建筑师米拉克·米尔扎·吉亚斯（Mirak Mirza Ghiyas）设计，1565年至1572年建于德里。这座有着白色大理石穹顶、安静的红砂岩建筑总是被笼罩在泰姬陵的阴影之下，而它的设计其实比阿格拉的陵墓更为质朴；或许从严格的建筑角度看，在这两座莫卧儿王陵中它是更令人满意的。

泰姬陵举世无双的美犹如一颗巨大的宝石，相比之下，胡马雍陵就像一座城中宫殿。它们各有千秋。但我在想，是不是因为有一个荡气回肠的爱情故事，并经过今天旅游业的全面包装，才让这个童话般的泰姬陵更胜一筹？

四泉圣嘉禄教堂
狂作，还是神作？

从文艺复兴盛期绽放出来的巴洛克风格，是在 16 世纪由米开朗琪罗引入罗马的。到了 17 世纪，贝尔尼尼和博罗米尼使之大放异彩。巴洛克的特征是曲线、穹顶、断山花，以及对古典细节华丽而富有创造性的演绎。当它达到戏剧性的巅峰时，便成了一场激动人心的建筑大戏。而这既不像之前优雅的古典主义，也不同于 18 世纪否定巴洛克的新古典主义。这种极具浪漫色彩的风格也有它颠覆性的力量。

罗马四泉圣嘉禄教堂（San Carlo alle Quattro Fontane）的建筑师弗朗切斯科·博罗米尼也具有这种力量。这座教堂在落成之后的三个半世纪中，激发灵感和令人陶醉的魔力经久不衰。

这是博罗米尼的第一个独立作品，于 1634 年接受的委托项目。他创造了一座具有复杂几何造型的曲线建筑，绕着室内优美的卵形穹顶来回扭曲。从街上看，这座教堂凹凸起伏的立面仿佛让石头也成了一种可以随意雕琢的塑型材料。

这就是一座难以描绘和理解的建筑。有人认为圣嘉禄教堂不过就是一座乖张、低俗的建筑，而博罗米尼疯了。这个激情四射

仰视博罗米尼穹顶复杂的几何造型

又命途多舛的人最终选择了自杀，但这位只有一名助手、仅凭纸笔工作的 17 世纪建筑师创造的建筑，让 21 世纪最具想象力的建筑师相形见绌——即使他们拥有最新的计算机、参数化理论和高科技的材料。

博罗米尼在瑞士出生时原名弗朗切斯科·卡斯泰利（Francesco Castelli）。这位年轻的石匠曾在米兰大教堂和罗马圣彼得大教堂进行创作——那里刚刚加上米开朗琪罗的华丽穹顶。1633 年，他以博罗米尼的名字开始工作，并因此成为世界上最早的一位职业建筑师。对他而言，建筑真的是事关生死的。在罗马重建早期基督教堂拉特朗圣若望大教堂（San Giovanni in Laterano）时，他发现有人在唾弃和破坏神圣的石构件，于是叫人将这个人殴打致死，最终教皇宽赦了博罗米尼。他勤奋、孤独，穿着朴素的西班牙衣装，住在简朴的房间里。那里藏书千卷，还有一尊米开朗琪罗的胸像。

博罗米尼对自己作品的挑战性心知肚明。"在创造新事物时，"他写道，"只有时间才会让人摘得辛勤的果实。"在他过世后，老对手贝尔尼尼说："只有博罗米尼懂得这个职业，但他从不满足，总是想从一个东西里挖出另一个，然后再挖另一个——永无止境！"尽管他的才能得到了 20 世纪 20 年代德国艺术史学家的认可，并在后来受到英国学术界的推崇，时至今日却仍有不负责任的旅行手册告诉游客博罗米尼是个疯子。不，博罗米尼有着无穷的创造力，这位卓越的建筑师用激情和精神，通过复杂的形式与几何形体创造出无数座教堂。没有什么建筑能像四泉圣嘉禄教堂那样涌动着无尽的生命力，却又平静如水。

国王图书馆，巴黎
君权的幻想，还是法国启蒙运动的诗篇？

艾蒂安－路易·部雷（Étienne-Louis Boullée）只为世人留下了两座精致而略显乖僻的巴黎别墅，仅此而已。然而，这位巴黎建筑师胸怀壮志，幻想着建造出超越 18 世纪之前一切建筑的巨型公共建筑。在随后的几百年里，只有阿尔贝特·施佩尔（见本书第 39 页）在这位法国建筑师的影响下试图去超越他。

乍看起来，1785 年部雷重建巴黎国王图书馆的方案似乎是一种妄想。但如果说其中有任何疯狂的迹象，那么里面一定也有其条理。国家图书馆的理想是收藏世界上所有的书籍，它那巨型阅览室上方的藻井拱顶一直伸向远方。在这里，不只是国王，所有巴黎人在这个不懈探索的时代都会享受到人类不断增长的知识。尽管这个方案是在启蒙运动盛期绘制的，但看到它的时候很难不把它与君权联系在一起。可这是一种不公平的后见之明，不是对这位建筑师的作品或思想的真实写照。

西伯利亚的新苏维埃首府——新西伯利亚的一个现代主义科学艺术宫设计，在二战期间被舒塞夫（A. Shoussev）带领的莫

斯科团队改造为一座巨大的新古典主义国家剧院，而剧院顶上的巨大穹顶恰恰与部雷的设计如出一辙。

　　部雷崇尚的是建筑的诗学。这位技艺超凡的绘图师极具浪漫色彩，他的作品尽管规模宏大，根本上却是人性的——即便第一眼看去并非如此。

埃菲尔铁塔为何伟大

西伯利亚的新西伯利亚剧院

国家图书馆，巴黎
塞纳河上的华丽小品，还是理智的
新国家图书馆？

　　这是一种多么奇妙的方式！把法国最重要的公共图书馆中的数百万册书叠放起来保存——不在地下，不在部雷式的、顶部采光的石质大厅里，而在四座高层玻璃塔楼中，它们矗立在塞纳河畔饱经风吹日晒的台座四角上。

　　啊！但这座建筑蕴含着智慧，不是吗？这些高塔的艺术造型犹如巨大的书籍：角部折起，里面像巨幅书页一样展开。回想 20世纪 90 年代初国家图书馆的设计揭幕时，人们是怎样嘲笑它的？

　　20 年之后，这座雄伟的图书馆已经成为巴黎城市景观的一部分。它向所有人敞开，涵盖了所有的知识领域，并与欧洲图书馆网络共享信息——它的许多方面都是部雷曾经梦寐以求的。这个设计出自年轻的建筑师多米尼克·佩罗（Dominique Perrault），1989 年正式由他负责。从一开始，这座新的图书馆就以成为一座令人震惊的现代纪念碑为目标——就像总统弗朗索瓦·密特朗下令建造的其他"伟大工程"一样。

　　密特朗请华裔美国建筑师贝聿铭在卢浮宫中心的拿破仑广场建造的玻璃金字塔（1989 年）已经招来了争议。而佩罗的图书馆激起了更大的愤慨，它的尺度、拖延工期和预算超支成了社会焦点。这座建筑被戏称为 TGB（超大图书馆 Très Grande Bibliothèque）——与法国高速铁路网 TGV（Train à Grande Vitesse）谐音，只不过那个更为宏大的项目获得了巨大成功。

当这座图书馆在 1996 年开放时，对它的诋毁如烟火般爆发了。佩罗在室内使用了来自巴西雨林的珍贵木材，结果这种华丽的妄想被证明是不可持续的。然而，抛开 20 年前看到的一切问题，TGB 还是一个非常特别的地方，它让巴黎西堤岛以东一片半废弃的地区重获生机。在这四座钢和玻璃的书挡形塔楼之间是一个架起的开阔空场，一条壮观的楼梯将它与街道连接起来。这个空场的中心有一座大庭院，里面种着 250 棵橡树、松树和桦树。图书馆高敞的室内既宏大又亲切，其中有数千个安静的研习间、手工制造的家具和跃动的阳光。作为一座面向读者的图书馆，佩罗的"伟大工程"可谓大步流星，尽管它的建筑仍会不断引发争议。有人认为图书馆的空场过于暴露，在冬天太滑；有人认为它的设计阴郁、令人不适。在寒冷阴沉的巴黎，它粗犷的外观看上去过于粗糙，与周围的街道过于疏远，在整体上又太像让－吕克·戈达尔《阿尔法城》电影未来版的背景。这部反乌托邦电影用幽暗的新建筑拉德芳斯（La Défense）营造出了令人难忘的效果。即便在那时，TGB 也具有某种现代的戏剧效果。在阳光灿烂的日子登上图书馆，四处漫步，凝视着它，是一件多么愉快的事——即便仍会对那些转角上的塔楼皱眉——当然，坐在那别致的室内空间安静地读书更是一种享受。

勒·柯布西耶

英雄，还是祸首？

尼娜·利恩为《生活》杂志拍摄的勒·柯布西耶
1946 年

1907 年，在瑞士出生和长大的夏尔－爱德华·让纳雷，作为 20 岁的建筑师和工匠第一次踏出国门。在佛罗伦萨郊区，他拜访了加卢佐的加尔都西会修道院（Carthusian Charterhouse）。它坐落在小山之上，周围是两个文艺复兴时代的回廊院。这座修道院给了他最初的启迪，因为这里有最完美的生活方式。

　　每个狭长而幽深的僧舍都有自己的凉台，下面则是花园、翠绿的植物和清新的空气。修道院既有私密的空间又有僧众的生活，虽然由许多独立的元素构成，却也是一个整体。

　　40 年后举世闻名的建筑师勒·柯布西耶根据加尔都西会修道院的建筑在马赛设计出了巨大的混凝土公寓，而它的下面是花园、大海、远方的山峦和清新的空气。这就是马赛公寓（1952 年）。1960 年，他在里昂以东 25 千米的地方建造了多明我会的拉图雷特修道院（Sainte Marie de la Tourette）。尽管使用了最粗糙的混凝土，甚至刻意带有一种清苦的味道，这座修道院却也是向加卢佐建筑的一种回归。

　　当然，勒·柯布西耶就是夏尔－爱德华·让纳雷。一战之后不久他就来到巴黎，此时他已遍游四方，并画有无数速写，还在欧洲最前沿的建筑师工作室当过助手。他以笔名勒·柯布西耶与画家阿梅代·奥藏方创办了《新精神》（L'Esprit Nouveau）杂志，并在其中提出了极具开创精神的纲领。

　　1923 年，勒·柯布西耶出版了他划时代的宣言《走向新建筑》（1927 年首次翻成英文时被弗雷德里克·埃切尔斯译为 *Towards a New Architecture*，但这不是勒·柯布西耶和奥藏方的本意。埃切尔斯是一位漩涡主义画家，后来成为一名专门保护教堂的建筑师，还是乔治建筑保护基金会的创始人之一、古建筑保护学会的坚定一员。）勒·柯布西耶在这本书中将这座房子称为"居住的机器"——一个尽被世人误解的词。

勒·柯布西耶发表了理想的新住宅和未来城市的方案，并很快就开始为巴黎市内和周围喜爱艺术的富人建造精致的白色"纯粹主义"别墅，其巅峰之作就是萨伏伊别墅（Villa Savoye, 1931）。这座在纤细的桩柱上亭亭玉立的建筑使他成为一名佳作传世的现代主义建筑师。他成了世人崇拜和追捧的偶像，而效颦者的涌现则也在所难免。

自此，浮夸和保守的人开始败坏勒·柯布西耶的名声。其中大多是讲英语的评论家，他们盲目地划出阵营，然后挑起建筑上的争论。诋毁者至今都认为，他关于"住宅是居住的机器"的表述、他的公园式高层城市规划以及后来对清水混凝土的热爱，使预制住宅的"混凝土瘟疫"在英国、西欧和苏联蔓延开来。

勒·柯布西耶的思想和设计被这种险恶的用心挟来加以糅合、利用，但他的本意却是截然不同的。事实上，从他在加卢佐加尔都西会修道院得到启迪，到他的公园式公寓楼设想，再到萨伏伊别墅、瑞士学生公寓（Pavillon Suisse, 1931 年）、马赛公寓和拉图雷特修道院，是不难连成一线的。这条线甚至可以延伸到他的假日小屋（Le Petit Cabanon, 1951 年），那是他为自己和曾是时装模特的妻子伊冯娜·加利斯在罗克布吕讷－卡普马丹建造的地中海度假小木屋。

马赛公寓

　　经常独处的勒·柯布西耶总是在尝试为现代世界重建那座佛罗伦萨的加尔都西会修道院。是的，他漫长而高产的职业生涯要比这个追求复杂得多，但很显然勒·柯布西耶的思想和作品与20世纪50年代到70年代廉价的地方性住宅不可同日而语，更不是以服务汽车为中心的"全面再开发"规划消灭历史悠久的城市中心的方案。是的，他发表了不同凡响的方案，要将半个巴黎拆除，并以理性的高层新建筑重建城市的中心；但这是一种刺激，一种检验设想的途径。

　　他也说过蠢话。比如，他在著作《光辉城市》（*La ville radieuse*, 1935 年）中，称斯德哥尔摩中部的古典和谐为"令人惊骇的混乱与令人沮丧的乏味"。虽然瑞典作为中立国在二战中毫发无伤，但战后在勒·柯布西耶的阴影下艰难前行的建筑师、规划师和政治家，已将他们的城市破坏大半——直到今天依然如此。

　　勒·柯布西耶也因政治立场遭到批判。他被认为是一个机会主义者，因为他迫切地希望自己的作品建成，所以曾为纳粹占领下的法国的维希政府效力——然而他其实是不关心政治的。或许，他在本质上是一位艺术家，所以人们完全无须抄袭他。

　　与大多数极具创造力的人一样，他的一生和思想都是复杂而矛盾的。他非常喜欢修行生活，却也热爱社会。他是一位渴望名誉的隐士。他尊重秩序，却不拘一格。他相信自己的先祖是阿比尔派（即卡特里派）纯粹主义者。他们因为非正统的基督教信仰遭到罗马的迫害，并在 13 世纪逃到了瑞士的山中。

卡特里派教徒认为，当他们离世时，他们的精神会朝着神灵游向太阳。勒·柯布西耶经常对朋友们说，"向太阳游去而死，岂不美哉？"——他也的确是这样做的。1965 年 8 月 27 日，他不顾医嘱，从罗克布吕讷－卡普马丹下海游泳，从此离开了人世。萨尔瓦多·达利说"勒·柯布西耶的离世让我满心欢喜！人类很快就要登上月球了，想象一下吧：这个小丑说我们会带上一大堆钢筋混凝土……勒·柯布西耶第三次因为他的钢筋混凝土和建筑作品被挫败了，那是世界上最丑陋、最无法接受的建筑！"

但这位反复无常的艺术家也曾抛出过玫瑰。他说勒·柯布西耶曾希望他有绅士般的举止，而怯懦的达利则不敢不从命。勒·柯布西耶确实像一个横跨 20 世纪艺术界和建筑界的混凝土巨人，而他的心从未远离文艺复兴时代的佛罗伦萨。

伦敦市天际线
噩梦，还是世界上层金融的幸福写照？

　　圣保罗大教堂宁静的穹顶直到最近还主宰着伦敦市的天际线。聚集在雷恩这个优美的设计周围的是许许多多的教区教堂，它们都是这位深怀公民之心的建筑师在 1666 年伦敦大火之后重建的。这种对创造性的建筑形式与材料的平和处理——波特兰大理石、铅板、柔红色罗马砖——不仅令人喜爱，而且非常适合这座城市。银行、商场、酒馆、行会大楼和饭馆簇拥在蜿蜒的街道、狭长的巷道和中世纪庭院里。

　　尽管纳粹德国空军在 1940 年至 1941 年的闪电战中极力将伦敦夷为平地，这座城市却完整地保存下来。虽然重建量很大，伦敦却在后来的二十年中保留了它的特性。从视觉上看，一切都十分融洽：波特兰石材建筑、红色双层巴士、红色邮筒和红色消防车。伦敦证券交易所旁边的食品市场依旧熙熙攘攘。

　　备受欢迎的餐厅、定制裁缝店和家庭店铺与爱德华时代知名建筑师设计的趾高气扬的银行并列；教堂的钟声无论高低都依然回荡在耳边，与地铁车厢和新式双层巴士的喇叭共鸣。

　　这就是我儿时记忆中的伦敦市。这里有外祖父的印刷厂，

也是我第一次学建筑设计和历史的地方。在 13 岁之前，我去过
了城市中的每一座教堂、礼拜堂和隐修的犹太会堂。今天的城市
天际线不堪入目，支离破碎、杂乱无章，弥漫着铜臭味。一座座
招摇的新建筑挤在狭小不堪的场地和巷道之中，将圣保罗大教堂
遮挡起来。当代知名建筑师的某些建筑成了商业性公园或是像巴
黎拉德芳斯那样的现代城区的宝贝。

不仅圣保罗大教堂的地位打了折扣，而且今天它的圣坛正
对的是一个无比丑陋的新零售中心。所有看似无可避免的商铺和
艳丽的"品牌"被带到这里，而这里本来是可以避免这一切发生
的少数地方之一。那些东西在伦敦西区或是任何英国城市中心和
城郊购物中心都可以看到。在这里，金钱、弱肉强食和愚昧无知
实现了纳粹德国空军未能完成的任务：毁灭伦敦市。

查尔斯·科克雷尔描绘的圣保罗大教堂
周围是雷恩的教区教堂

今天的圣保罗大教堂
在伦敦市摩天楼的笼罩下相形见绌

卡普拉别墅
意大利住宅，还是文艺复兴理想？

我们都有家的梦想，一个住宅应该或可以是什么样的。然而，有一座最著名的住宅更像是一种艺术或智力的抽象化，而不是大多数人理解的日常之家。这也许说起来很奇怪，因为世界上最伟大的建筑师之一，安德烈亚·帕拉第奥的杰作卡普拉别墅（Villa Capra），或称圆厅别墅（La Rotonda），已被世界抄袭了 500 多年（而且不总是尽善尽美）。在写这本书时，我已经无数次走过威尼斯丽都的当代"卡普拉别墅"——高栏杆、监控摄像头、室外照明和硬地花园一应俱全。

卡普拉别墅的名字出自买下这栋房子并将它建成的奥多里科和马里奥兄弟。1565 年至 1566 年，梵蒂冈高官保罗·阿尔梅里科从罗马退休回来时委托安德烈亚·帕拉第奥设计了这座别墅。他曾设计过许多不同凡响的威尼托农场别墅，但阿尔梅里科的住宅注定要名垂青史——一个紧凑的"宫殿"坐落在俯瞰维琴察和四周田野的小山顶上。这个地方意在成为一个典雅的幽居之地，让人或交谈或冥思。

那时的阿尔梅里科是一位理想的业主——对住宅的实用要

求极少，而建筑、装饰、书籍、风景和氛围是最重要的。所以，帕拉第奥塑造了一座十字形的对称建筑，它正好处在一个想象的圆形之中。别墅四面都有突出的爱奥尼柱式入口门廊，就像一座罗马神庙。它带来了各式各样的绝美框景——光影随着太阳在天空中的移动千变万化。

这座住宅的中心是一个光照充裕的穹顶圆厅，它的宗教色彩胜过居住氛围。周围的房间按照严格的数学比例设计成理想的比例。服务用房被塞到首层之下。主层的墙面和天花装饰有乱真艺术风格的壁画，它们出自亚历山德罗和乔瓦尼·巴蒂斯塔·马甘萨、安塞尔莫·卡内拉以及后来的卢多维科·多里尼之手。壁炉上还有近乎巴洛克风格的灰泥塑像，那很可能是亚历山德罗·维多利亚的作品。这一视觉盛宴和谦逊整齐的住宅外观一样多姿多彩。而东客厅的壁画并不那么端庄，或许可以说是奢华的。它描绘的是阿尔梅里科的人生故事以及他的诸多品质，其中就包括谦虚、贞洁和克制。

帕拉第奥原想在住宅顶部加一个高大壮观的穹顶。而在他以及他的主顾过世后，卡普拉别墅由继任的建筑师温琴佐·斯卡莫齐（Vincenzo Scamozzi）完成，并对形象进行了提升。斯卡莫齐最终的矮穹顶设计保证了这座住宅从每个角度看都能展现出简洁的优雅。

这两位建筑师都受到了万神庙的影响，而那是供奉罗马诸神的穹顶神庙。斯卡莫齐甚至打算复制万神庙混凝土穹顶中心的圆窗。通向天空，也就是通向天国和神灵，而这会让阳光和雨水进入神庙，然后从地板中的装饰性排水管流出。不过，卡普拉兄弟却对这个想法不感兴趣：他们的别墅是一处私人住宅，而不是公民的神庙。

帕拉第奥的设计令此后数百年的建筑师和业主痴迷。

自成风格的帕拉第奥式建筑师在 18 世纪的英国建造了许多"圆厅别墅"。1792 年托马斯·杰弗逊提出用它的复制品作为刚刚独立的美利坚合众国的总统府邸。尽管这个设计没有成功，这位未来的美国总统却在他的弗吉尼亚农场蒙蒂塞洛（见本书第124 页）建造了自己的卡普拉别墅。

从庄严到粗俗，形形色色的卡普拉别墅直到 21 世纪还在建造，却一座也没有帕拉第奥原设计的艺术纯粹性和严谨性。在 1570 年帕拉第奥有着精美插图的著名宣言书《建筑四书》（*I quattro libri dell'architettura*）中，卡普拉别墅既是一种理论、 种思想、一个典范和理想，也是一个家。它的设计极具吸引力，并拥有完美的比例和无可争议的美。因此，这或许就是有史以来最具影响力的建成住宅。

对称门廊的外观

从中心穹顶下方通往各处的华丽房间

卡普拉别墅 ——

《建筑十书》
建筑哲学，还是 DIY 手册？

只要提到公元前 15 年左右维特鲁威·波利奥（Vitruvius Pollio）的巨著《建筑十书》（*De architectura*），当代大多数讲英语的建筑师都会想起这位罗马建筑师提出的建筑三原则"坚固、实用、美观"（firmness, commodity and delight）。与此相对的是仅用于结构、房屋和建筑物的原则。

这些英语词汇其实是 17 世纪初从维特鲁威的 firmitas、utilitas 和 venustas 翻译过来的。它们最早出现在 1624 年出版的亨利·沃顿爵士的《建筑的要素》（*The Elements of Architecture*）中，而那是对《建筑十书》删节后的意译版本。全部十书的英译本直到 1791 年才问世。

这个过程本身具有一种启示性，因为尽管英国建筑师已经引用维特鲁威的书长达一个世纪，但《建筑十书》一直更像法宝而不是研读的著作。这部唯一从古代罗马流传至今的建筑经典，是通过中世纪初期僧侣的手抄本保存下来的无价之宝。然而，它根本不是一部纯粹的建筑理论著作或者论战的对象。书中的大多数内容是对罗马建筑和工程的真实展示，而正因为如此才更吸引

人。因为，有维特鲁威作为向导，我们就能够想象到在罗马共和
国末期以及第一位皇帝奥古斯都时代罗马的建设情况。从比例与
几何形体到对水泵、投石机和蒸汽涡轮的描述，《建筑十书》可
谓穿插着《海恩斯手册》（*Hayne's Manual*）的建筑百科全书。

对于维特鲁威本人我们知之甚少，而同时代的其他罗马著
作提及他时，曾说他是为尤利乌斯·恺撒效力的炮兵军官，还是
一位能处理多个不同项目的建筑师（或叫技术主管）。在其关于

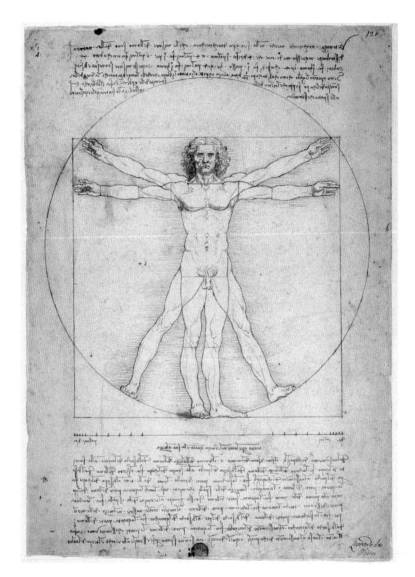

建筑师教育的章节中，维特鲁威设想的对建筑专业学生的要求要比 21 世纪的课程所要求的多得多——难怪罗马人的建筑技术如此发达。

尽管《建筑十书》在教会中广为人知，并且像查理曼国王这样的统治者也看过，但从"黑暗时代"以后，维特鲁威本人一直不为人知，直到文艺复兴初期才被建筑师发现。人文主义者、学者波焦·布拉乔利尼于 1414 年在瑞士圣加仑修道院里偶然发现了《建筑十书》，并在他返回佛罗伦萨后就此书掀起了讨论。这份抄本在 1486 年的维罗纳印刷出来，随后在 1511 年出版了第一个插图版本。该书自 16 世纪从拉丁文译为意大利文、德文、西班牙文和法文，其影响随着罗马或古典主义建筑的复兴遍及欧洲。

对于像莱昂·巴蒂斯塔·阿尔伯蒂（Leon Battista Alberti）、菲利波·布鲁内莱斯基（Filippo Brunelleschi）和安德烈亚·帕拉第奥这样关注实践的天才，《建筑十书》是一部专业圣经。它证明了建筑学是一个严谨而科学的行业，是为文明社会和美服务的。这本书越来越被建筑师和赞助人认为是必备之物，即使书页从未切开、从未读过。

当有人问起罗马人怎能这么快地取得如此之多的成就时，就让他们看《建筑十书》吧。维特鲁威还写了将石灰熟化后制作灰塑、分析湿壁画的退化以及寻找水源的章节。这说明他极力想告诉我们，建筑最终是一个服务人类的学科，而它的比例就应该出自人体，它的结构要注入人的灵魂。维特鲁威是一个技师，没错，但他也是一位哲学家。

《建筑十书》

托马斯·杰弗逊
古罗马的政治观，还是现代美国的政治观？

作为 18 世纪 80 年代的美国驻法公使，托马斯·杰弗逊能够直接了解到欧洲古典主义建筑的最新动态。1768 年，他开始在蒙蒂塞洛工作，那是他家在弗吉尼亚的农场。在这里，他掀起了帕拉第奥设计在美国的浪潮。随着他的建筑知识日趋完备，这位未来的美国总统、热忱的共和党人、民主人士和信仰个人权利的人，将罗马古典主义设计视为新生的美国的理想风格。

对于杰弗逊来说，罗马建筑——或者至少是奥古斯都之前的罗马建筑——代表了共和党的美德。他对罗马理想的态度，就像诗人维吉尔幻想着一片尽是善良、勤奋、自强的农业民族的土地，他们建造出了凝聚着这些崇高价值的公民大厦和城市。从总统之位退休之后，杰弗逊创立了弗吉尼亚大学。当时他已 76 岁，却一如既往地不知疲倦。他规划了校园，并设计了其中的建筑。大学的中心是一座受万神庙设计影响的图书馆，而不是礼拜堂——校园里根本没有教堂——因为他坚信教会要同国家分开。

在这些优美的帕拉第奥式建筑后面，学生们精心地照料着

埃菲尔铁塔为何伟大

菜地，这会让他们时刻不忘农业的重担。在这一点上，杰弗逊再次想到了维吉尔和他公元前29年发表的具有教育意义的诗篇《农事诗》（*Georgics*）。诗中呈现了意大利农夫生活的田园景象，其根基是节俭、勤劳以及与自然的和谐。在他看来，罗马的伟大就是建立在这种农业田园生活的基础之上的。

耐人寻味的是，这部《农事诗》是以屋大维的崛起为背景的。

托马斯·杰弗逊 —

或者可以这样想象，大战结束之后，屋大维将他身经百战的老兵安顿在维吉尔式的农场上，让意大利的农业繁荣发展。但是，推翻罗马共和国的正是屋大维，他成了罗马第一位皇帝，并悄然拉开了一个新时代的大幕：

经济不断增长，权力愈加集中，而后继者专制、残暴——甚至疯狂！在奥古斯都之后，共和国的美德与维吉尔式的田园诗就成了历史。如今，罗马建筑象征的是帝国的权力和罗马兵团所向披靡的武力。那么无疑，集权政府和专制的独裁者都从古罗马那里寻找建筑的灵感，希特勒就是一例。

20 世纪 30 年代，纳粹德国和民主美国都在以相同的壮丽风格建造公民大厦，这看起来确实很蹊跷。但这两个对立的民族都从古罗马的历史和建筑中找到了他们想要的东西。德国人看到的是罗马帝国的权力、荣耀和专制，而美国人透过托马斯·杰弗逊开明的眼界看到了帕拉第奥，进而看到了维吉尔和崇高的古代共和国之梦。希特勒和杰弗逊都是古典主义者，崇拜罗马和它的建筑。但在那个巴伐利亚人眼中呈现的是一个专制的帝国，而美国人看到的是以历史形式展现出来的一个民主共和的未来。

柏林旧博物馆
普鲁士启蒙的象征，还是密斯式现代主义的基石？

普鲁士的古典主义在 18 世纪的启蒙运动时期是颇为精致的。它最初是受古罗马影响的，而在 1815 年拿破仑·波拿巴战败之后，希腊古典主义成了最受青睐的建筑风格。这在一定程度上是因为拿破仑曾在入侵普鲁士之后粗暴地对待这个王国，他于 1806 年的柏林阅兵和罗马古典主义都与法国的野心有关。

因此，当卡尔·弗里德里希·申克尔受命在柏林设计一座新的公共博物馆来展示普鲁士皇家艺术藏品时，他选择了新希腊风格，并在 1830 年创造出一座宁静简洁、毫不浮夸、毫无装饰的爱奥尼柱式建筑。

这种"简洁的"古典主义对纳粹极具吸引力。在他们看来，申克尔的旧博物馆（Altes Museum）具有一种黩武的阅兵场的感觉。所以，这座具有人文气息的建筑给希特勒宠信的建筑师阿尔贝特·施佩尔的作品带来了灵感。施佩尔自视为继承了申克尔精神的建筑师，可这个才华横溢的人全身心地投入了纳粹主义的黑暗世界。他的所作所为甚至让申克尔这样的人文主义者在二战后蒙上了污名。

20世纪80年代，我在《建筑评论》工作时，记得好几次有人将申克尔的作品称为"原纳粹的"。当然，这是无稽之谈；申克尔自己的风格后来演变为新哥特，而后是某种类似功能主义的东西，或者可以说是一种原现代主义（proto-Modernism），并对密斯·凡·德·罗产生了重大影响（见本书第14页）。如果要说的话，那更像包豪斯而不是碉堡。

带柱廊的穹顶室内

阿布拉克萨斯住宅区，马恩拉瓦莱

人民的凡尔赛宫，还是后现代的
巴黎贫民窟？

里卡多·博菲利（Ricardo Bofill）的建筑设计室 Taller de Arquitectura 是一家位于巴塞罗那的建筑事务所，有种堂吉诃德式的气息。20 世纪 70 年代末，巴黎外围的新城马恩拉瓦莱委托他设计新的大规模住房时，萨尔塞勒(Sarcelles)成了新城敌人——那是法国住房项目的目标和对手。

萨尔塞勒由雅克·亨利－拉布尔代特（Jacques Henri-Labourdette）和罗歇·布瓦洛（Roger Boileau）设计，于 1955 年至 1976 年间建造，是巴黎巨大的混凝土住宅区，里面有 12638 个住宅单元。它是对勒·柯布西耶作品的大规模制造和技术官僚式的阐释，却毫无艺术感。从驶过的火车或空中看去，它就像由许多水平的混凝土矩形构成的巨型建筑，全无灵魂。

萨尔塞勒在法国因其"非人性"的设计饱受批评。对此，博菲利提出了马恩拉瓦莱的人民凡尔赛宫方案，用预制混凝土的新技术制造巨大的后现代古典主义楼板。当它们挂到这个巨大的公寓楼框架上时，就会为这座新城的无产阶级创造出高贵宫殿的

埃菲尔铁塔为何伟大

形象。

不仅如此，阿布拉克萨斯住宅区的公寓楼将矗立在一个想象的罗马帝国城市规划中。所以这里有一座带 20 间公寓的凯旋门、能容纳更多公寓的环形广场，以及有数百间公寓的巨型帝国宫殿。当 1983 年竣工时，这个大胆的住宅项目让博菲利的建筑师伙伴、批评家和住户都出乎意料地感到茫然。但是，如果它的目标是崇高的，那这个方案就是有瑕疵的。在那些有戏剧效果的壁柱、檐口和艺术化的混凝土断山花背后是数百间毫无生气的公寓，很多还对着令人眩晕的阴暗院落和后勤巷道。

阿布拉克萨斯住宅区以独特的方式证明了它和萨尔塞勒是同样令人遗憾的。饱经风霜的混凝土板在 30 年后已不再壮观，而维护欠佳、商店和基础设施的不足，以及方案的非人性尺度打碎了博菲利的英雄之梦。如此看来，特里·吉列姆选择阿布拉克萨斯住宅区作为他的反乌托邦电影《妙想天开》（1985 年）的背景就不足为奇了。

博菲利的建筑工作室还有许多更为庞大、更加激动人心的后现代古典主义混凝土住宅方案。从图纸上看，它们是那样地令人心潮澎湃。无可否认的是，它们也是摄影家的梦想之地。然而，它们作为人们的家真的好过萨尔塞勒吗？他们当中有很多是初到法国的移民，无法选择自己的栖身之地。

埃菲尔铁塔为何伟大

——

竖立"凯旋门"的中心广场
背后是更大气的楼群

阿布拉克萨斯住宅区，马恩拉瓦莱 ——

戴马克松住宅

福特 T 型住宅，还是怪异的一次性设计？

闪闪发光的戴马克松住宅原型

理查德·巴克敏斯特·富勒（Richard Buckminster Fuller）曾有一个梦想：用轻质工业材料建造可以像福特 T 型车工厂流水线那样大规模制造的住宅。而比这更好的是低成本的"戴马克松住宅"（Dymaxion house），它可以空运到崇尚自由的美国人想去生活的任何一个州。

1895 年出生在马萨诸塞州米尔顿的富勒是一个梦想家。两次被哈佛除名的他曾做过很多不可思议的工作：畜圈工人、一战救生船指挥员。后来他募集到了资金（因为他魅力十足），研发出了工厂制造住宅的各种原型以及三个飞行汽车的地面形式。富勒相信戴马克松住宅和汽车都会像薄烤饼、苹果派和福特 T 型车那样好卖。

或许看上去很像一个圆形粮仓，或者回过头来看，好像艾德·伍德《外太空第 9 号计划》中的飞碟，戴马克松原型吸引了公众的关注，却没有带来投资或销售量。这个精心设计的住宅内置了厨房、仓库和卫生间，将雨水用于饮食之外的所有地方，并采用对流屋顶换气机实现自然空调。尽管如此，富勒的设计原型仍被认为过于怪异，无法提供舒适的居住条件：众所周知，曲形墙面的房间总是很难布置家具和装饰的。

二战刚刚结束时有一个短暂的机会，本可以让戴马克松住宅的改进版"威奇托住宅"（Wichita house）大获成功。堪萨斯州威奇托的比奇飞机公司对这个概念进行了推广，据说收到了 3.7万次潜在客户的问询。四年军工的经验让数百万美国人看到了新材料和新技术的优势。这种住宅有 93 平方米的生活空间，而重量只有 3 吨。它由 3000 个飞机零件组成，计划用钢管道运到工地。十个人两天就能将它建成。总价只有 6500 美元，也就是一辆新凯迪拉克的价格。

1946 年 4 月，威奇托项目荣登《财富》杂志。这还会有什么问题？可是，全砸了。当比奇飞机公司提出为了大规模生产要改变设计和材料时，富勒不愿妥协进行任何设计上的修改，便断然拒绝了。然后，戴马克松住宅就此画上了句号。

唯一有人住过的戴马克松住宅是由威廉·格雷厄姆（William Graham）用富勒的两个战前原型组成的混合体——这位商人将其作为他在堪萨斯州安多弗湖畔农宅的扩建部分。1990 年，格雷厄姆的家人把这个住宅和一捆还未使用的戴马克松零件捐给了密歇根州迪尔伯恩的亨利·福特博物馆。戴马克松住宅被最大限度地恢复到原状之后，今天陈列在聚光灯照射的展厅里。 个孤零零的奇物，而不是 20 世纪的大规模住宅。与此同时，富勒的偶像亨利·福特已经制造了 1500 万辆 T 型车。

这还不是故事的结局。富勒未能实现用戴马克松飞行汽车空运大规模制造的戴马克松住宅的梦想，却将对轻型预制结构的执着转移到了他的分面穹顶设计上。到他 1983 年逝世时，这种太空时代的建筑已经组装了 30 万套，在世界各地发挥着不同的用途，有些还是直升机空运的。

国会大厦，达卡
忸怩的古董，还是永恒的设计？

1928 年，在勒·柯布西耶划时代的现代主义宣言《走向新建筑》出版五年后，年轻的美国建筑师路易·康周游了欧洲。他选择去看的不是最新的法国和德国白色混凝土别墅，而是中世纪法国城镇厚重的石墙和庄严的苏格兰城堡。

康在爱沙尼亚出生时名叫伊策－莱布·施米洛夫斯基。他将这些坚固的建筑在心中记了 25 年，而后从 20 世纪 50 年代起创造出了现代主义建筑的新形式，其中包括位于达卡的国会大厦（National Assembly Building），有史以来最伟大的建筑之一。

这座孟加拉国会大厦屹立在一座人工湖岸边，给人一种古罗马时代史诗建筑的感觉，但它全然不像历史上的任何一座建筑——除了康自己的作品。这座威风凛凛的建筑是由一个巨大的八边形周围若干硕大的建筑组群构成的。其中包括柏拉图的基本要素——四面体、二十面体、十二面体、八面体和立方体，分别代表火、水、以太、气和土。里面的委员会厅、办公室、图书馆、餐厅和清真寺环绕着一座高敞的八边形国会大厅。这个大厅上方是一个抛物线形的混凝土拱顶，看上去有如一颗恒星，从地面上发出道道金光。

每个建筑组群都由有着粗糙表面的混凝土建成，并嵌着白色大理石条。若干露天院落将它们与集会厅隔开，又通过清爽的高拱顶混凝土走廊和楼梯连接在一起。它们在建筑群周围上上下下，这景象俨然是一幅埃舍尔的画。

这座建筑在 1962 年至 1973 年间完成设计，于 1982 年建成。从湖面、花园和远处的街道看，它遮住了其中的建筑群和内部空间，显得浑然一体。日光、雾霭和水的变幻改变着这座迷人建筑的色彩和感受，而在室内，阳光在 1001 个游戏和皮影戏中狂欢。这座雄健的大厦坚实而缥缈、赏心悦目、持久永恒。

在政治上它从一开始就命途多舛。1962 年，康接受委托设计巴基斯坦国会总部。1971 年，自 1947 年以来的东巴基斯坦成了独立的孟加拉共和国。然而，康的建筑植根于古代世界的永恒建筑和印度数百年的象征体系与建筑传统，它必将比不断更迭的政权更长久。地震是不大可能摧毁它的，更不要说洪水了。

康在达卡证明了一座建筑可以属于它的时代和场所，却又近乎永恒。他还证明了别的东西。孟加拉在过去和现在都是一个贫穷的国家。在数百万孟加拉人食不果腹、屋不遮雨的情况下，要用 3200 万美元（是预算的两倍）建造一个雄伟的国会建筑群似乎是一个明显的错误。但如今，数百万孟加拉人以这座建筑为荣。伟大的建筑能够给人带来希望、自豪与坚韧，尤其是当它真的源于生活又超越生活的时候。

建筑大师锡南
杰出的官僚，还是伟大的建筑师？

米马尔·锡南（Mimar Sinan）在 50 岁时被任命为奥斯曼帝国苏莱曼大帝的宫廷建筑师。他执掌此职近半个世纪，其间建造了 394 座高水平的建筑，包括清真寺和伊斯兰学校、输水道和桥梁、公共浴场和喷泉、医院和陵墓。

锡南早年名为约瑟夫，据说是希腊基督教石匠的儿子。在被征入奥斯曼帝国禁卫军（以原基督徒为主的精英部队）之后成为穆斯林，并参加了苏莱曼崛起之路上的多次大战，连连晋升。

身为一名战士和军事工程师，锡南具备了成功的技能、精力和决心——这些也使他成为一名活跃而高效的建筑师，而不是理论家。作为宫廷建筑师，他在伊斯坦布尔有一支 500 多人的队伍，将清真寺和军事建筑的标准化设计发往帝国的每个角落。

他是工程师、技术专家、官僚和外交家。用今天的话来说，他就是大型国际公司的 CEO。

然而，锡南也是一位杰出的艺术家；他通过外交渠道了解到米开朗琪罗在罗马的作品——那是另一位不知疲倦、工作高效的技术大师。锡南建于埃迪尔内的塞利米耶清真寺（Selemiye

埃菲尔铁塔为何伟大

Mosque）和伊斯坦布尔的苏莱曼尼耶清真寺（Suleymaniye Mosque）都是旷世之作。这些庞大而令人心驰神往的建筑用威严的穹顶将复杂的造型和谐地统一在一起。那些穹顶看起来仿佛是飘浮在建筑之上，而不是立在那里的。

我们对锡南生平的了解主要来自奥斯曼帝国的圣徒传。然而，站在塞利米耶或苏莱曼尼耶清真寺的中心，就会感到他无可置疑的超凡技艺。他是无可挑剔的技术大师、光彩耀人的建筑大师。

建筑大师锡南

埃菲尔铁塔为何伟大

约翰 · 波特曼
未来主义建筑师，还是房地产开发商？

几年前，我从得克萨斯返回伦敦，途中在亚特兰大转机时曾在亚特兰大万豪酒店（Atlanta Marriott Marquis）过夜。我知道这座 52 层的酒店在 1985 年开业时曾想成为世界上最壮观的一座建筑。夜幕之下，高敞的大堂中，乘着观景电梯，仿佛升入外太空，这种感觉令我颇为新奇。难怪数年来许多美国电影导演都涌到这里来拍摄科幻惊悚片。

奇怪的是，亚特兰大万豪酒店的外观几乎与市中心任何一座混凝土摩天楼都很相像。它的结构在底部隆起，好像大厦已身怀六甲，但你绝不会想到它的室内是如此神奇。而这就是亚特兰大建筑师小约翰 · 波特曼（John C. Portman Jr，1924 年生于南卡罗来纳的沃尔哈拉）壮观而有争议的设计的标志。或许他比其他任何一位现代建筑师都更充分地结合了建筑师与市中心地产开发商的角色。

波特曼的第一座中庭式酒店是 22 层的亚特兰大凯悦丽晶酒店（Hyatt Regency），在 1967 年开业。批评家当然没有放过它，尽管大部分人都很难判断这是迈向未来的一大步，还是炫耀吹嘘有点过了头的商业建筑。无疑这是激动人心的，尤其是它的北极星旋转餐厅。这个以著名的潜射洛克希德弹道核导弹命名的餐厅，就像一个悬停的飞碟立在这座混凝土摩天楼的顶端。

北极星餐厅于2004年休业，从一个侧面证明了波特曼的亚特兰大在后来几十年中的迅猛发展。一部分原因在于餐厅曾经拥有俯瞰城市和周边乡村的360度震撼全景，这景象如今却是自1967年以来拔地而起的混凝土与玻璃的森林。幸运的是，这家餐厅在2014年重新开张。今天的食客欣赏到的是灯火辉煌、摩天楼林立的城市中心景象，而耐人寻味的是，这家餐厅的目标是尽可能"绿色"：它有为厨房生产蜂蜜的养殖场，还有在城市人行道上空种植蔬菜的屋顶花园。

尽管被指责让城市中心的街道挤满了一座座混凝土高楼，但约翰·波特曼无疑让他的建筑用户感到兴奋和激动。他无数的城市高楼作品带来的问题是：我们能有行人也可以享受的摩天楼和城市中心吗？50年前，这个答案可能是"没有"或者"不好说"，即使事实证明了这是可能的。不过，波特曼最新的大厦的确考虑了街道和人行道，而不是只有天际线和收益曲线。

如今波特曼的事业仍颇有争议。作为实力雄厚的房地产公司、波特曼控股集团的总裁，他也应该是一名建筑师吗？在20世纪60年代，地产开发商对大牌建筑师趋之若鹜，竭力邀请他们设计回报丰厚的市中心摩天楼。半个世纪之后，大牌建筑师对地产大亨大献殷勤——他们已成为商业、艺术以及全球城市中心设计的权力经纪人——不论这是好事还是坏事。波特曼或许走在了最前沿，成为融合两大行业的执牛耳者。无论如何，我看不起任何不喜欢在北极星餐厅和鸡尾酒吧小酌的人，或是在令人眩晕的资本主义大教堂、亚特兰大万豪酒店大堂仰望时不感到震惊的人。

克久拉霍神庙群，印度
宗教感受，还是情色乐园？

砂岩写就的《爱经》（*Kama Sutra*），这是许多游客不远万里来到印度中部克久拉霍，目睹那 10—11 世纪神庙群时的看法。现存的 25 座印度教和耆那教神庙坐落在桉树和鲜艳的叶子花丛中，它们著名的情色雕塑描绘了性行为。

虽然有很多摄影集赞美这些非凡的造型，克久拉霍的情色雕塑只是数千个簇拥在这些神庙上赋予它生命力的雕塑中的一小部分。我们对它们的了解非常有限。这些雕塑似乎是 100 多年前在拉杰普特昌德拉王朝制成的。这个王国位于本德尔肯德地区，

坎达里亚·默哈德瓦神庙
远处是杰格丹比神庙

色情的《爱经》神庙雕塑细部

克久拉霍神庙群，印度 ——

149

在今天的中央邦。昌德拉国王拥有许多钻石矿，应该就是靠它们建成了这一片美轮美奂的宗教宝塔。

这些神庙装饰着描绘日常生活、耕作和战争的雕像，仿佛在以它们的多姿多彩赞美生命和重生。

还有人认为它们是破坏与创造之神湿婆同情欲、生育与挚爱女神帕尔瓦蒂联姻的纪念碑。

不过，这些神庙的雕塑应当视为一个整体；即使一群又一群的青年男子刚从印度旅游巴士下来就对着那些描绘做爱场景的浮雕淫笑，仿佛它们是孟买书摊顶层粗鲁的"男性"杂志中的插图。这些神庙在 13 世纪阿拉伯人入侵后便走向衰落。在后来的500 年中，很多都遭到了破坏，还有的被毁掉了。幸运的是，即使在今天，克久拉霍也很偏远。由于植物爬满神庙，它们几乎已无法被看到，只有当地人知道它们在那里。

这个建筑群在 1838 年由孟加拉皇家工程团年轻的队长伯特考察印度中部时重见大日。当植物被砍开，"砂岩《爱经》"的雕塑尽数展现在眼前的时候，伯特的惊诧是不难想象的。从1904 年开始，这些神庙在印度考古调查局悉心的指导下进行了系统的复原。在这里，建筑、自然、情欲和灵性交织在一起：它们本是一体的。

利物浦君王都主教座堂
20 世纪 60 年代的历史建筑,还是权威的宗教场所?

　　新的罗马天主教基督君王都主教座堂（Roman Catholic Metropolitan Cathedral of Christ the King）短短五年就得以建成,使默西河的天际线为之一变。在一些人看来,这种大胆的设计就像美国国家航空航天局的双子星太空舱。而另一些人认为,它犹如一个用混凝土和石头搭起来的巨大帐篷。由于利物浦有大量的爱尔兰天主教信徒,它又被戏称为"爱尔兰佬的茅草屋"。

　　无论它的建筑师弗雷德里克·吉伯德（Frederick Gibberd）心中的形象如何——他最近的新作是希思罗机场的新喷气机时代航站楼——这的的确确是一座令世人震惊的建筑。它在 1967 年 5 月落成时带来了巨大的视觉冲击。这座教堂屹立在利物浦的布朗洛山顶部,对面是贾尔斯·吉尔伯特·斯科特爵士（Sir Giles Gilbert Scott）设计的红砂岩贴面的新哥特大教堂。主教座堂从 1904 年开始施工,至今仍未建成。它彻底改变了英国天主教会的形象,将大胆的现代建筑、结构工程、艺术、设计和工艺熔为一炉。

　　16 个混凝土扶壁（或者叫帐篷撑杆）架起一个采光亭,

上面是光彩夺目的红黄蓝彩色玻璃——象征三位一体。这是由约翰·派珀（John Piper）设计、帕特里克·雷因廷斯（Patrick Reyntiens）制作的。它将圣洁的色彩洒向圆形的中殿与中心的祭坛。绕着中殿外缘漫步，看着色彩在人们的手和脸上不断变幻，是一种迷人甚至神秘的体验。而在仰望采光亭时会看到建筑的神奇魔力，或许那就是真的天堂。

　　13 个礼拜堂分布在扶壁之间和周围，每个都装饰着一连串

杰出的现代艺术家和工匠的作品。它真的美得令人难以置信吗？是的。1959 年发布的教堂设计竞赛启事要求方案可以在五年内实现，而造价不超过 100 万英镑。

尽管这种踌躇满志的节俭是可以理解的，但这个要求本身就是一个奇迹。之前的三个天主教大教堂的方案都化为了泡影。只有爱德华·韦尔比·皮金（Edward Welby Pugin）在 1853 年设计的一座高大的新哥特大教堂的一部分建成了，那就是埃弗顿的圣母礼拜堂。它被用作教区教堂，并于 20 世纪 80 年代被拆除。埃德温·勒琴斯（Edwin Lutyens）昂贵的穹顶大教堂方案在 1933 年开始动工，但只（在二战后）建成了地下部分。而阿德里安·吉尔伯特·斯科特（Adrian Gilbert Scott）这座建筑的 20 世纪 50 年代缩小版却是不堪入目。尽管如此，最终的造价仍是教会预期的四倍。

然而，急于建成全新风格的心态造成了代价不菲的结构缺陷。这座大教堂直到 2003 年才真正完工，但这却是一个极其让人乐观的建筑。在它启用的这一年，无论是设计、工程还是流行文化，一切都是那么新鲜、迅速，洋溢着活力与色彩。

1967 年，乘坐最新的时速 100 英里（约 160 千米）的蓝白两色城际电力机车，能以创纪录的时间从伦敦抵达利物浦。披头士发行了《胡椒军曹之寂寞芳心俱乐部》。人们期待着能充气的塑料家具和可丢弃的纸衣服。时装精品店犹如雨后春笋，英国的第一座"高技派"建筑——由"四人组"（理查德·罗杰斯、苏·布伦韦尔、诺曼·福斯特和温迪·奇斯曼）设计的信实控件厂（Reliance

Controls Factory）——在斯温登落成，协和飞机首航。同年，"阿波罗一号"在肯尼迪角的发射台上起火，全部船员遇难，而越南的战火在肆意燃烧。纽瓦克和底特律发生了暴乱。托里峡谷号油轮在康沃尔海岸失事，带来了一场环境污染的灾难。泰晤士米德，一座高喊"社会疏隔"与"反乌托邦"口号的粗野混凝土新城在伦敦东南开工建设。首批住宅在次年入住，却发生了漏水。

利物浦的天主教大教堂是时代的产物。项目匆忙上马，预算很不现实。它萌发出来的问题无助于为英国的现代主义建筑带来信心。不过，它在数十年间完善起来，演变为一座精致而令人难忘的建筑，并在 20 世纪 60 年代形成了最具原创性、最动人的室内空间。

中心祭坛顶部飘逸的
彩色玻璃采光亭

TWA 航空中心，纽约
商业航行的未来，还是过去？

纽约建筑师、历史学家罗伯特·斯特恩称之为"喷气机时代的中央火车站"。埃罗·萨里宁（Eero Saarinen）升腾而俯冲的纽约 JFK 机场混凝土航站楼一直是那个时代的奇迹。这颗建筑的宝石从 1962 年启用以来便令人垂爱。但这座震撼人心的建筑在 2001 年 12 月环球航空公司登记破产后被关闭。从那以后，周围的新建筑使它相形见绌，不得不寻找新的角色。或许它可以改为一座酒店重新开业，它的拱顶中央空间必然会成为世界上最壮观、最受欢迎的一座大堂。

作为喷气机时代设计的巅峰，TWA 航空中心代表着 1962 年以来重新认识航行的悲剧性转变。对安保的更高要求、不断增加的乘客数量，以及越来越多被改造为购物中心的机场，都意味着像萨里宁这个如此小巧而造型完美的航站楼已不再适应这个时代。这座航站楼在讲述一个未来，却不是航空业选择的那个未来。

新建成时极富表现力的室内空间

约翰·波森
渺小的极简主义者，还是安静的幻想家？

　　20 世纪 80 年代初，生于约克郡的作家布鲁斯·查特温请约翰·波森（John Pawson）来到普罗旺斯 12 世纪末的西多会修道院多宏内。从此以后，这座空旷而精美绝伦的修道院就一直是这位建筑师作品的试金石和不二法则。

　　1949 年出生在卫理公会家庭中的约翰·波森并不是一个严格意义上的建筑师——他的父亲是一个成功的纺织业商人。他曾遍游亚洲，在日本教英语，并为设计师、工匠仓俣史朗工作，而后脱离了被他认为毫无意义的教育体系。

　　查特温是波森最早的客户之一，委托的项目是设计贝尔格拉维亚伊顿广场上的一座小公寓。它毫无装饰、简约至极、纯粹洁白，给波森的作品定下了调子。这位深谙世道的建筑师为 20 世纪 80 年代的建筑界及其客户带来的是普罗旺斯西多会的气息和清爽的山风。

　　当时，愚蠢的后现代主义设计对英美产生了巨大影响——尽是艳丽的色彩、格格不入的造型和轻佻的戏谑。从审美的角度

新庭圣母修道院简约的食堂

看，波森专注的纯粹将 20 世纪 80 年代的设计带到了冰冷的湖水中。他那源于对艺术的挚爱、精湛的工艺和天然材料的极简主义审美，以及朴实无华的表面上变幻的阳光，令人耳目一新又心驰神往。

不过，他的风格在一些客户眼中是一种新形式的奢华。那些往往非常富有、全无宗教节制的人，喜欢在看似空旷而价值百万美元的家、画廊和酒店上大肆挥霍。这种让人略感不适的双重性正是波森作品的特点：富人希望在僧侣般的空间里生活和工作——这些空间大肆宣扬（或者应该是低声细语）的是质朴与端庄。

然而，出乎意料的是，波森的故事又回到了原点。尽管看起来很奇怪、很滑稽，真实的捷克共和国西多会僧侣碰巧来到曼哈顿，对波森的第五大道卡尔文·克莱因新店的风格和低劣的宗教氛围仰慕有加。而这带来了一个新项目：为波西米亚的新庭圣母修道院进行改扩建。当然，这对波森来说是一个理想的项目，并且他不负众望，为信徒创造了空灵而和谐的空间。在他们心中，"极简主义"和至善主义（perfectionism）是最接近神性的，而只有上帝才是绝对完美的。

从设计餐具到公寓，到炫耀朴素的富人豪宅，再到西多会修道院，波森成功地在自己的生涯中兼顾了建筑的追求与人格的正直。最终，他的作品——真的出自他本人——往往像日本俳句一样优美而紧凑，好似阳光穿过冷冰冰的石墙上简洁的窗户，洒在朴素的墙面、地板和拱顶上；而这显然足以让任何正经的建筑师声名远扬。

埃菲尔铁塔为何伟大

后现代主义
挽回，还是耍弄现代主义？

　　在某种程度上，是密斯·凡·德·罗的曼哈顿公园大道西格拉姆大厦（1958 年；见本书第 14 页）让后现代主义的充气球滚动起来的。高冷精美、自成一体，无法复制只能拙劣地抄袭，它从一开始就可以理解为现代主义的顶点——同时也是转折点。

　　1962 年，美国建筑师罗伯特·文丘里在罗马时写了一篇文章，四年后出版成书《建筑的复杂性与矛盾性》。当密斯提出"少就是多"时，文丘里以同样简洁的方式反驳了这位德裔美国大师——"少就是烦"。文丘里指出，功能主义已经走得太远。建筑师需要重归历史，塑造出从身边丰富的素材中汲取生活方式和形式的建筑。哎，他们真应该再好好看看埃德温·勒琴斯的作品。

　　《建筑的复杂性与矛盾性》是一部极具挑衅性而又充满思想、令人大快朵颐的著作，对于很多建筑师来说也是必不可少的读物。当然，密斯没有那么糟，但 20 世纪 60 年代中叶世界各地的城市蜂拥模仿密斯，建造出来大量毫无生气的建筑，却是令人沮丧的。同样地，功能主义大规模制造出阴森的混凝土住宅也是不可避免的，建筑的开裂、漏水和返潮以及恶劣的居住条件在全

球泛滥成灾。现代主义建筑根本没有解放人类，而是在破坏城市，
给生活带来不幸与乏味。

　　文丘里与妻子、建筑设计合伙人丹尼丝·斯科特·布朗（Denise
Scott Brown）在 1972 年又推出了《向拉斯维加斯学习》（*Learning
from Las Vegas*）一书。这部思维巧妙、富有挑战性的著作提出"城
市大街基本上毫无问题"。换言之，建筑师和规划师应该向他们
挑剔眼光下的日常街道和建筑学习。就在同一时间，1964 年，
文丘里为他的母亲在费城的切斯特纳特希尔设计建造了一座住

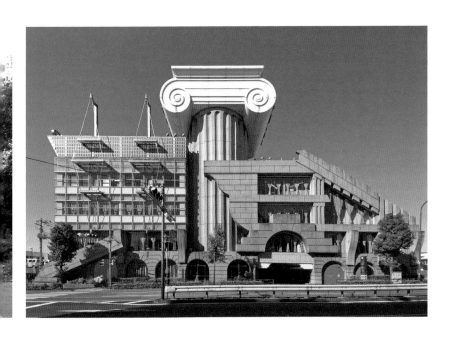

宅。这座建筑尽管在很多方面都是端庄、现代的，却在建筑圈引起了轰动。它的立面造型是一个从地面直接升起的巨大断山花。这是对 16 世纪米开朗琪罗在罗马、朱利奥·罗马诺（Giulio Romano）在曼托瓦的手法主义的演绎，还是纯粹的挑衅？

　　文丘里和斯科特·布朗对建筑和设计的影响不可小觑，尽管他们痛恨"后现代主义者"的标签。这是可以理解的，因为发轫于美国的戏谑玩闹建筑将在 20 世纪 70 年代和 80 年代席卷全球的建筑和设计。糖果色的建筑装扮着卡通式的古典细部，其设计是对一切传统好品位的公然冒犯。它们在城市中心就像巡回马戏团的大帐篷，或是《庞奇和朱迪》木偶表演的条纹摊位，其中的区别在于建筑是固定的。然而，玩笑的效果逐年减弱。到了20世纪80年代末，后现代主义建筑和设计真的成了笑柄。

文丘里本人则试图通过设计伦敦特拉法尔加广场对面的国家美术馆塞恩斯伯里展厅（Sainsbury Wing of the National Gallery, 1991年），给他的"包容"或手法主义风格带来几分庄严。在这里，对古典细部的简化和演绎与办公楼式的玻璃幕墙及其他"后现代主义"（Po-mo）花样并存。尽管采用了波特兰石材面，这种建筑看上去却像夜总会保镖穿着晚礼服、打着蝶形领结那样别扭。

不少现代主义建筑大师在文丘里写出《建筑的复杂性与矛盾性》时已经从功能主义和包豪斯迈进了一大步。勒·柯布西耶、阿尔瓦·阿尔托、路易·康和埃罗·萨里宁只是现代主义建筑新形式的创造者中最著名、最有才的。相比华而不实的后现代主义，这些建筑最终将给21世纪的设计带来更大的影响。作为一种滑稽的消遣，后现代主义让建筑师和设计师不得不关注并思考它，却被事实证明无法带来令人信服的作品，正如历史上的意大利手法主义、巴洛克和工艺美术运动。

流水别墅
纪念品，还是负担？

　　当在法庭上问及职业时，弗兰克·劳埃德·赖特答道："世界上最伟大的建筑师。"他的妻子提出抗议。"我别无选择，奥尔吉万娜，"他对她说，"我发过誓的。"

　　这位自信满满的赖特是独句妙语的大师。一位客户曾打电话抱怨她新家的屋顶会把雨水漏到她坐的餐桌上，而赖特答道："自己挪个地方坐。"关于密斯，他说："只有当越多越糟时，少才是多。"当看到他的高个子助手威廉·韦斯利·彼得斯出现在他最新的一座天花板较低的住宅里时，他喊道："坐下，韦斯，你破坏了我建筑的尺度。"关于他本人，这位土生土长的美国建筑师自吹自擂道："早年间，我不得不在真诚的傲慢与伪善的谦恭之间作出选择。我选择了前者，并且看不出改变的理由。"

　　赖特的一生有如过山车。他抛弃了原配姬蒂和五个孩子，然后和情人——客户玛玛·切尼跑到了欧洲。当他们回到美国后，玛玛和她的孩子在塔里埃森的家中被杀害。这座建筑曾在失火后（经赖特重建）再度被烧毁。他的自传大为畅销，安·兰德据此写出了《源泉》，后来被改编为由加里·库珀领衔主演的戏剧电影。

流水之上的别墅外观

赖特的建筑也极富戏剧性。当有人质疑他万众瞩目的第五大道所罗门·古根海姆博物馆（Solomon R. Guggenheim Museum）展厅的高度时，他说："把画砍掉一半。"他还半开玩笑地说："医生可以掩盖自己的错误，但建筑师只能建议业主去种藤蔓。"

　　建在宾州熊跑溪瀑布上裸露的岩石上的流水别墅（Fallingwater, 1939 年），是为富有的匹兹堡店主埃德加和利利亚纳·考夫曼设计的周末度假屋。这座混凝土建筑的三个楼层远远地挑出 19 米，挺立在奔流的溪水上空 5 米处。下方的岩石是考夫曼家长期以来野餐的地方。这是一个具有戏剧效果而造价不菲的决定，但流水别墅的确是一个美轮美奂的设计，而考夫曼一家为这个梦想住宅花了 15.5 万美元——这在当时是一个天文数字，而预算只有 3 万美元。

　　1997 年，为防止流水别墅下倾支起了脚手架。四年后又公布了修缮计划，用 1150 万美元纠正这大胆的悬挑带来的诸多问题。来自纽约的结构工程师罗伯特·西尔曼（Robert Silman）为工程做了计划，他有维护七座赖特住宅的工程经验。"这不会让他的建筑失去一丝光芒，"他说，"每一座都是毋庸置疑的杰作。"而这就是为什么造价和维护成本都高的流水别墅永远也不会缺少资金。赖特的建筑的确可被视为一种负担，但那些选择住在赖特住宅里的人对它们是情有独钟的，而且经验告诉我们，真爱的代价是无与伦比的。

瓦尔斯温泉浴场

景中屋，还是屋中景？

瓦尔斯的建筑与自然的花岗岩
造型浑然一体

"山、石、水——石中屋、石之屋，在山中、以山建——这些词语的涵义以及相互联系中的情感怎样才能用建筑阐发出来？"彼得·卒姆托（Peter Zumthor）在受邀为瑞士东南山区格劳宾登州瓦尔斯社区的一座酒店设计温泉浴场时，向自己提出了这个曲折的问题。

这座严谨而又神秘、处处令人陶醉的建筑于 1996 年建成，是世界上一个清静的建筑奇迹。群山为浴场烘托出强劲有力的建筑形象：层层叠叠的银灰色石英岩覆盖在混凝土框架之上，其间点缀着幽深的窗户。在石英岩墙面的背后，是一连串相互交错的室内空间，或是单体建筑，上面是混凝土梁和玻璃构成的屋顶。

阳光从引人注目又蕴含诗意的潮湿和黑暗中，穿过石墙、地板、各个表面以及由黄铜、铬、天鹅绒和皮革制成的配件。汩汩水流，人来人往——就像大卫·林奇电影中的场景。一切都给人带来愉悦的感受。然而，当需要阳光和山峦时，浴场又在房屋顶层打开了以建筑元素框出的美景。

洞窟、矿场、人造山、考古遗址、罗马浴场……皆是瓦尔斯幻化出来的景象。在这里，建筑就是景观，而景观显然也影响了建筑。这是一座 20 世纪 90 年代的建筑，却又仿佛不属于这个时代。它有一种古迹般沧桑的感觉，好似一位神秘的水之女神的庙宇，但建筑的设计逻辑又十分清晰。浴场在工艺上则是厚重而精密的。

彼得·卒姆托（生于 1943 年）是瑞士家具匠之子。学过家具制作和建筑保护之后，他成立了自己的事务所，每次只设计一座精美的建筑，其中包括令人难忘的格劳宾登州苏姆维特格市圣本笃礼拜堂（St Benedict Chapel, 1988 年），它取代的是毁于雪崩的一座巴洛克教区教堂。卒姆托几乎比任何在世的建筑师更会在作品中创造出一种永恒的感觉，而这是通过对材料属性的爱和知识实现的——无论是木板瓦和古老的石料，还是混凝土和玻璃的最新做法。他的作品是现代的，不戏弄历史形式，却同历史上的建筑一脉相承。卒姆托的建筑以全新的方式面对大自然，不但使之更美，而且深深植根其中。

新陈代谢派
日本的时尚宣言，还是真的设计革新？

1945 年 8 月 15 日，原子弹投向广岛和长崎，裕仁天皇做了罕见的公开演说。这段"玉音放送"在留声机上留下了嘈杂的录音，在装腔作势的音乐映衬下，以晦涩的日本古文高声播放。天皇以有史以来最轻描淡写的语调宣布："战势并未朝着对日本有利的方向发展。"

日本的国家、政治、军事和意识形态都崩溃了。于是，思考如何重建国家的青年建筑师试图从其他主义中寻找规划全新未来的道路，就不足为奇了。1960 年，新陈代谢派（Metabolist group）在建筑师和社会政治理论家多次讨论之后，发表了它的宣言。而他们原本想叫"灰烬学派"（Burnt Ash School）：从日本被轰炸的余烬中将产生新的建筑，它将吸收关于科学技术和大自然的最新知识，并继承日本翻新古建的悠久传统。耻辱的帝国时代所关心的问题将被抛弃——但愿是彻底遗忘。

新陈代谢建筑将像生物一样大量生产，形成巨构建筑，甚至是整座新城。由于它们将以预制和拼接的构件建造，所以在需要的时候就可以缩小。其理念是让建筑和城市的形态能够随时应

中银胶囊大楼外观
东京

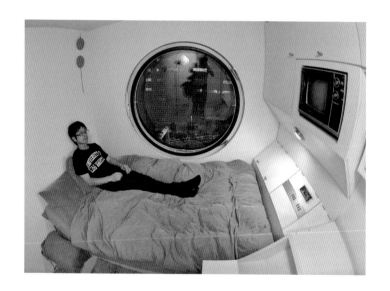

变。许多理想化的设计都停留在纸面或缩小比例的模型上，其结构让人联想到水晶或分子结构。这些新奇的建筑似乎到底还是不人性的，仿佛日本青年建筑师是在为蚂蚁设计，而不是人类。

丹下健三曾以广岛和平纪念资料馆（Hiroshima Peace Memorial Museum, 1955 年）的设计享誉全球。在他的指导下，菊竹清训、黑川纪章、槙文彦等青年建筑师提出了富有想象力的方案，其中包括一座漂浮在大海上、可以远离战争威胁的海洋城市，还有解决战后住宅问题的各种"巨构建筑"城市。

结果，只有极少的新陈代谢建筑得以建成。其中最著名的或许就是黑川纪章位于东京银座的中银胶囊大楼。这座令人惊诧的建筑在 1972 年匆匆建成。其中 140 个供人居住的轻型预制钢胶囊插在一对相互连通的混凝土设备塔上，它们分别在 11 层和 13 层。每个胶囊都非常狭小，为东京的单身"工薪族"提供了单间宿舍。里面配有最新的设备，包括空调、磁带录音机、高保真音响，以及机载卫生间式的小厕所。通过一扇舷窗还能看到外面的高架路。

然而，在中银胶囊大楼施工的时候，日本的经济和技术已经复苏。1964 年的奥运会展示了一系列全新的设计：从丹下健三融合了最新的轻质工程技术和传统日本造型的体育馆，到带来全球铁路革命的新干线高速"子弹头列车"。相机、汽车、消费者的电子产品、电影、绘画和时尚产品应有尽有。然而，插入式胶囊大楼、垂直或水平的巨型建筑，以及漂浮城市的概念虽让人想入非非，却被证明并未对日本有利。

埃拉迪奥·迪埃斯特

以小"建"大，还是小成本的大建筑？

我和埃拉迪奥·迪埃斯特（Eladio Dieste）只见过一面，还是一次途中的邂逅。我曾前往布宜诺斯艾利斯去见利维奥·丹蒂·波尔塔，这位极具创新精神的阿根廷蒸汽机车工程师在后来法国高速列车 TGV 和"欧洲之星"的时代，研发了一种高效的蒸汽机车，它使用的是最便宜、污染最小的燃料。埃拉迪奥·迪埃斯特的名字出现在一场特别的讨论中，其内容是关于思路截然不同却又相近，甚至交叉的其他拉美工程师的讨论。我还看过距离蒙得维的亚约 40 千米的一座教堂的砖壳顶照片，它指向了乌拉圭和一位非同凡响的人物，他的才华就像波尔塔那样，尚未得到全面认可。

迪埃斯特生于 1917 年，有工程师的教育背景。他成为建筑师不是凭借资质，而是通过实践。他的第一个独立项目是我在布宜诺斯艾利斯看到的照片中的教堂，这就是 1960 年在阿特兰蒂达站区建成的造物者基督与卢尔德圣母教堂（Church of Christ the Worker and Our Lady of Lourdes）。

阿特兰蒂达站区是乌拉圭南部大西洋沿岸一个度假小镇的

郊区，它没有清晰可辨的形式。教堂的室外造型奇特，室内也是一个奇观。在这里，起伏的砖墙支撑着波浪般的混凝土砖拱顶，犹如从中殿一端驶向另一端的大西洋航船。从墙中涟漪的顶部及各个隐秘处透过的阳光照到拱顶和墙面上，这种效果超凡脱俗、动人心魄。迪埃斯特在这里创造了极具感染力的现代巴洛克设计，而成本微乎其微。

随后他反复运用这一手法，却不是做度假酒店、宏大的博物馆和企业总部，而是公交车站、食品市场、仓库、农房、火车库和学校。身为热爱造型的工程师，他用低成本，而且往往是非常廉价的砖塑造出新颖的拱顶——它采用轻质构造，在50多米

的跨度上无须支撑——并为赤贫阶层和城镇带来了最具想象力、最振奋人心的建筑。

他的每一次尝试都不是无缘无故的。他曾提到"造型会给结构强度"，表明他所创造出来的各种形式都是认认真真、实用或有功能的设计，而不是为了造型而造型。他一生都在探究目的或功能的涵义。

我曾登上这座教堂孔眼密布的锥形钟塔。而直到后来，我才读到迪埃斯特多年前写的关于它的文字："钟塔当然是为了挂钟而建的，但它也可以让情侣在周日爬上去欣赏风景；让孩子们在其中玩耍，让我们再次体会那些沉睡在我们心中多年的故事，去丈量空间；而最重要的是，让每年春天的燕子绕着它飞翔，如箭如梭。"

今天，全新一代的拉美建筑师在努力给遍布大陆的贫民带来创新性的建筑。而这个趋势是在回避和贬低造型与艺术，好像贫民只配拥有一个基本的住房——如果那是一个体面而善意的词。迪埃斯特于 2000 年逝世。他证明用最廉价的材料、数学技巧、结构技术和对平民梦想的真挚关切创造出诗意的建筑是可能的。对于他而言，超凡之作能让日常生活充实、特别——而生活本当如此。

扎哈·哈迪德
非凡的天才，还是任性的怪杰？

　　扎哈·哈迪德建筑事务所和设计工作室位于伦敦一座由维多利亚哥特学校改造而成的红砖建筑里。她和她的多国团队以热烈澎湃的精力，用短短 20 年在世界各地完成的无数座美轮美奂的建筑，无愧为我们时代的奇迹。

　　哈迪德 1950 年出生于巴格达，2016 年逝世于迈阿密。除了建筑，她设计了无以计数的家具、鞋子、珠宝、瓷器和布景。"对于一位建筑师，"她曾经告诉我，"一切都是相通的。手包、家具或者餐具的设计各有千秋，其乐无穷。我渴望把某些设计运用到大规模、低成本的生产上。我想将我们力所能及的一点点成就送给每一个人，而不只是受过教育的文化精英。我敢说，我们能做的是给人们的生活带来一些激动和挑战。我们希望他们能欣然接受意外之物。"

　　这位享誉全球的女建筑师无论走到哪里都会受到明星般的待遇，她接到的雄伟的大型公共建筑和商业建筑项目不胜枚举，从辛辛那提到中欧，再到亚洲到中国。这些建筑气宇轩昂，造型极具冲击力，而使这天马行空的设想成为现实的不仅是计算机程

海达尔·阿利耶夫中心
旋转华丽的礼堂室内
巴库

伯吉瑟尔滑雪跳台
奥地利因斯布鲁克

序，还有让哈迪德在设计生涯之初就非同凡响的坚韧。

这种坚韧正是哈迪德性格的一部分，但也源于她在建筑事业上举步维艰的经历。学生时代就光芒四射的她，后来成了伦敦建筑联盟学院的教师。才华横溢的她受卡济米尔·马列维奇和俄国至上主义派（Suprematists）影响的画作涌动着令人折服的活力。1994年，她在加的夫海湾一座精美别致的歌剧院设计竞赛中胜出。但方案由于未说明"不确定问题"，即庸俗化、沙文主义和仇外，被项目的资助方千禧年委员会否定了。哈迪德的自信遭到了打击。但在前一年，她刚在德瑞边境上的莱茵河畔魏尔为维特拉家具厂建成了一座引人瞩目的消防站，并以此成为一位名扬四海的建筑大师。

如果说哈迪德（一位伊拉克人、女性）没有赢得英国的信任，那么她赢得了欧洲。委托项目接踵而来：奥地利滑雪联合会（因斯布鲁克伯吉瑟尔滑雪跳台，2002）、BMW（莱比锡BMW中央大楼，2005）以及沃尔夫斯堡市（费诺科学中心，2005）。罗森塔尔当代艺术中心（Rosenthal Center for Contemporary Arts，辛辛那提，2003）使她在美国声名鹊起；而在罗马，她大胆的国家21世纪艺术博物馆（MAXXI）的设计方案让她再上了一个台阶——这个项目进行了12年，最终在2010年落成时受到举世称赞。

哈迪德在建筑界一步登天，或许让某些批评家和同行心生妒忌，而讨伐之声随即响起。哈迪德接受了像阿塞拜疆巴库海达尔·阿利耶夫中心（Heydar Aliyev Center，2012）这样轰动一时的项目，更使她成为众矢之的。但谁又能说意大利文艺复兴时代的城市比这更好呢？对于哈迪德的作品，英国建筑师肖恩·格里菲思说："那其实就是一个空桶，无论旁边有什么意识形态都会被塞进去。在1923年的莫斯科或许还有点意思……"

哈迪德在2006年《卫报》的一次采访中告诉我，"我一开始就是想创造出像珠宝一样闪耀的建筑；现在我希望它们连成一体，形成一种新的景观，与当代的城市和人的生活一同流动。我最喜欢做的是学校、医院、社会住房。当然，我相信富有想象力的建筑能够改变人的生活，但我也希望能将用在雄伟的博物馆和画廊上的一些精力投到社会的基本建筑单元上。"

但是，建筑师只能建造委托给他们的项目。从20世纪80年代开始，全球理念从社会性向商业性、从社会向个人、从专业向盈利的转变，意味着建筑师很难参与到组成日常生活基本建筑单元的项目中去。

"我们有很长一段时间没有项目，"哈迪德告诉我，"以至于我到现在还会不自觉地接受每一项委托。你可以把这个叫作不安。我知道我们可以走上大规模生产的路子，但我觉得不能这样做。或许，我必须要开始说不了。"不过，说"不"是绝不可能的。

或许有朝一日，建筑委托项目的性质会改变，而这颗"在她自己不可效仿的轨道上运转的行星"——荷兰建筑师雷姆·库哈斯对他之前这位学生的称呼——将回到地球上，做更低调的项目，但这已经永远不可能了。哈迪德的生命戛然而止，她的建筑杰作只能孤芳自赏了。

扎哈·哈迪德

圣彼得堡
新古典主义仙境，还是沙皇的地府？

大北方战争期间，俄国和盟军遏制了查理十二世在他迅猛，甚至是鲁莽的统治时期看似所向披靡的吞并野心。此时，彼得大帝夺到了芬兰湾的一片土地，并在这里建造了俄国第一个全年通航的海港。

1703 年建成要塞之后，这座城市便定名为圣彼得堡，而后成为世界最北端的城市。圣彼得堡绝不仅仅是创造了地理上的纪录，并为彼得大帝打开了波罗的海的通道；更成了俄国的新首都。这座现代城市采用了法国和意大利最新的布局和设计。最初的方案出自瑞士－意大利建筑师多梅尼科·特雷齐尼（Domenico Trezzini）之手——他还创立了俄国第一所建筑学校。而后是彼得大帝的第一位总建筑师让－巴蒂斯特·亚历山大·勒·布隆（Jean-Baptiste Alexandre Le Blond），一位以景观园林和建筑著称的巴黎人。1716 年，勒·布隆为圣彼得堡设计了标准化的建筑方案——沙皇既要秩序也要美。

不知疲倦的彼得大帝尽可能快地在这片洪水、蚊虫、疟疾和极端天气肆虐的土地上开展建设。据记载，夏天的温度曾高达

埃菲尔铁塔为何伟大

圣彼得堡运河旁模仿威尼斯的街道

37.1℃。1883 年，这里的温度跌到了 −35.9℃。无疑，这座最具
雄心的城市是在无数苦难、疾病和夭折中创造出来的。它血淋淋
的降生就像诅咒一样侵染着这个地方的精神。这座城市最著名的
人物费奥多尔·陀思妥耶夫斯基在《罪与罚》（1866 年）中写道：
"这座城市中尽是半狂的人……没有什么地方能像圣彼得堡一样，
给人的灵魂带来如此之多阴郁、残酷和奇诡的影响。"

圣彼得堡

185

　　然而，仅从视觉上来看，圣彼得堡也是世界上有史以来最
美的一座城市。它控制建筑高度，并拒绝城市建筑之间乏味而丑
陋的空间。正是这规定塑造出了和谐的街道。

　　所幸这种秩序从多姿多彩的立面和建筑鲜艳的色彩中得到
了补偿，那一目了然的活泼倒映在威尼斯式的运河之中。

　　即便有这一切精心的规划和古典主义的美，圣彼得堡在很
长时间里都是一座不安的城市。它三度更名（彼得格勒，1914 年；
列宁格勒，1924 年；恢复圣彼得堡，1991 年），并在 1941 年至

1944 年被德国围攻长达 872 天——其间约有 100 万市民丧生，大部分是被饿死的。从 2005 年起，历史建筑获准拆除，粗制滥造的高层建筑和珠光宝气的摩天楼破坏着新古典主义的天际线。商业重于美。圣彼得堡经历沧桑后屹立不倒。

圣彼得堡

高技派
孩子的冒险，还是时代的革命性风格？

高技派（High Tech）是 20 世纪 70 年代以来与诺曼·福斯特、理查德·罗杰斯和伦佐·皮亚诺等人的作品联系在一起的一种风格，或者更准确地说是建筑设计手法。对新材料、轻质结构、巴克敏斯特·富勒的思想、漫画《丹·戴尔：未来的宇航员》、预制技术、NASA 以及优雅工程设计的痴迷——从帕克斯顿的水晶宫到最新的聚碳酸酯滑翔机——以各种方式在这样的建筑师头脑中成形。

他们在很短的时间内创造出来的是一系列惊世骇俗的建筑——其中最引人瞩目的是蓬皮杜中心（皮亚诺和罗杰斯，1977 年）、汇丰银行香港和上海总部（福斯特事务所，1986 年）、伦敦劳合社大厦（理查德·罗杰斯事务所，1986 年）——为现代主义建筑以及关于它未来的争论注入了新的活力。

这些建筑的共同之处在于强烈的结构表达形式。它们在建造方式、结构工程设计上有突出的表现。蓬皮杜中心让设备外露于建筑并涂上红蓝色，在外观上很像一座工厂或炼油厂。但它也是一座活泼而开放的建筑，让游客和策展人都能从中得到享受。

诺曼·福斯特的香港汇丰银行业务大厅中庭

罗杰斯事务所在伦敦劳埃德大厦上采用了相同的手法。在这里，建筑师利用外露的设备、建筑外部上下穿梭的玻璃电梯等创造出高敞的室内中庭。这个空间正好适合繁忙的伦敦保险市场，同时也是伦敦最令人兴奋的室内空间之一。

福斯特的设计则更加冷峻、闪亮、泰然自若，如果说罗杰斯的作品是石油钻塔，那他的就是大型客机。这两位建筑师在耶鲁学习时都曾遍游美国，考察最新的建筑。在加州，令他们惊叹不已的不仅有迷人的案例住宅——克雷格·埃尔伍德（Craig Ellwood）和皮埃尔·凯尼格（Pierre Koenig）用钢和玻璃写成的现代十四行诗——还有"学校建造系统研发"项目。这个1962年启动的"高技派"建造系统使用了大量预制轻型空间框架和装有设备的天花板，在低成本建筑中创造出灵活的空间。这种系统被用在加州数十家拥挤不堪的学校里。项目建筑师埃兹拉·埃伦克兰茨（Ezra Ehrenkrantz）与福斯特和罗杰斯是同时代的人，他们从埃伦克兰茨那里学到了很多。

虽然他们后来的很多建筑都很大，很有抱负，但这些高技派建筑师始终痴迷于轻盈的造型。曾在20世纪80年代与福斯特在伦敦共事的巴克敏斯特·富勒称他的做法是"以小'建'大"。他们还对良性的技术进步充满信心，相信建筑既可以应对环境问题，又可以像"土星五号"太空火箭那样超级现代——20世纪60年代正是福斯特、罗杰斯和皮亚诺等人冲向建筑界顶峰的时代。

粗野主义
阴森的混凝土，还是可爱的混凝土？

粗野主义是对 20 世纪 50 年代至 70 年代大胆暴露清水混凝土的所有建筑的泛称。这种风格囊括了大量看似粗糙的建筑——尤其是市政厅、大学教学楼、剧院、音乐厅、购物中心和市内停车场——从中亚的苏联到加拉加斯（该市 1983 年落成的特雷莎·卡雷尼奥文化中心是一颗耀眼的明珠），再到伦敦、普利茅斯、波士顿和马萨诸塞都能看到。

这个词的起源在今天看来颇为滑稽。瑞典建筑师汉斯·阿斯普隆德（Hans Asplund）给同时代的本特·埃德曼（Bengt Edman）和伦纳特·霍尔姆（Lennart Holm）在乌普萨拉设计的一座端庄的砖建筑贴上了新粗野主义（nybrutalism）的标签。至于粗野主义这个词，先是阿斯普隆德的笑话（我认为这是一个笑话）被来访的英国建筑师采纳，而后在斯堪的纳维亚设计的光环之下，被评论家雷纳·班纳姆反复用在文章中。

同样蹊跷的是，当时在《建筑评论》任职的班纳姆又将这个词用在了艾莉森和彼得·史密森（Alison and Peter Smithson）夫妇在诺福克北岸亨斯坦顿镇设计的一所新学校上。值得一提的是，这座被无数次拍照的建筑在很大程度上源自密斯·凡·德·罗，而不是斯堪的纳维亚。然而，它几乎没有暴露任何混凝土，无论是否有抛光。

当然，它的想法是粗野主义建筑要像亨斯坦顿那样大胆地使用不加雕琢的材料。但这也很难说服人。不过，我们大多数人心中都有粗野主义建筑的样子。不，但不是勒·柯布西耶那样雄劲的马赛公寓楼，而是伦敦南岸中心的海沃德美术馆（Hayward Gallery，1968年）和伊丽莎白女王音乐厅（Queen Elizabeth Hall，1967年），或是波托贝洛路上的艾尔诺·戈德芬格（Ernö Goldfinger）的揣列克塔（Trellick Tower，1972年），或是波士顿市政厅（1968年），还有托特组织为防守盟军1944年6月对纳粹占领的欧洲发起最终

进攻而修建的诺曼底海岸防线，或是像克劳德·帕伦特（Claude Parent）和保罗·维里利奥（Paul Virilio）设计的位于讷韦尔市班莱地区的圣贝尔纳黛特教堂（Sainte-Bernadette du Banlay）那样奇特而迷人的建筑。毫不客气地说，那是一座新建的大西洋炮台——它到大海的距离与到法国一样遥远——却被幻想成洞窟状的天主教堂。帕伦特和维里利奥称之为"歪斜建筑"（Oblique architecture）而不是粗野主义。不管叫什么，2000 年这座颇具挑战性的教堂被列为国家级历史建筑。

在 20 世纪 60 年代和 70 年代精心运用混凝土的建筑师被贴上了"粗野主义者"的标签，这令他们颇为不满，比如伦敦皇家国家剧院的建筑师德尼斯·拉斯登（Denys Lasdun）。我曾在伦敦的巴比肯屋村（Barbican Estate）住了四年。那里有大量可爱的窗花盆和印度风格的水景台地花园——"粗糙"的混凝土效果是意大利工匠做出来的——通过精心的照料，它看上去就和牧师府邸的夏日茶会一样粗野。然而，它一次又一次被贴上"粗野主义"的标签。后来，即使是约翰·范布勒爵士也被称为"原粗野主义者"。所幸，巴比肯屋村的三座住宅楼形成的错落有致的天际线在很大程度上要归功于范布勒。它们很活泼，并不粗野。

我认为，这种宽泛的运动或风格的魅力在于它的特立独行，它藐视那些明快而文雅的寻常建筑风格。正如朋克摇滚让公立学校男孩着迷一样，它也吸引着那些想让建筑不时吐几句脏话的人。当然，这不同于本特·埃德曼和伦纳特·霍尔姆迷人的乌普萨拉别墅。

汽车
解放了市民，还是征服了城市？

"我将为大众创造一种机动车……以最好的材料，雇最好的工人，用现代工程可以设计出的最简洁的设计……其价格之低让每个有充足薪水的人都能拥有一辆，并与家人在上帝创造的广阔天地间享受惬意的时光。"

这是亨利·福特在 1913 年的发言。当然，他不是言而无信的。从 1908 年到 1927 年，福特汽车公司创造了 T 型汽车，并大规模生产了 1500 万辆。这是公司唯一的产品型号。它将美国放到了驱动轮上，并打通了大陆上的高速路和辅路。而它彻底改变的生活不只在上帝创造的广阔天地间，还有城市和村镇。

然而，福特这个出生在农场的男孩未曾预料到的问题是：堵车。城镇内外以及进出的道路都挤满了汽车。这怎么办呢？

假如需要，为什么不在城市之间建造高高架起、从建筑中穿过的高速路呢？几十年来，汽车主宰一切，支配行人、便道，历史城市中心的观念已成为教条。

任何反对汽车的人都是反动派、危险的守旧派，尽管他们也喜欢汽车。除了拥堵，汽车还破坏了街道和建筑的形象，虽然它也带来了激动人心的建筑和令人瞠目的设计，比如受未来主义启发的都灵菲亚特·林格托工厂（1923 年）和伯特兰·戈德堡（Bertrand Goldberg）的芝加哥马里纳城（Marina City, 1964 年）。马里纳城的 65 层双塔中，在它那也许是无意为之的巨大的玉米棒外观下，前 19 层是围着大楼核心旋转的停车场。天黑之后，车头灯在这个混凝土棒里上下闪动，给人一种奇妙的乐趣。

当汽车最终被挡在城市的"步行区"之外时，这些地方往往被证明是毫无生气的，全无行车带来的活力与刺激。这是一大难题。

汽
车

汽车给人自由，也带来了视觉冲击、交通拥堵、污染和烦躁的情绪，并给城镇增加了税负。或许有一天它会彻底消失，但就个人而言，当理查德·塞弗特上校（Colonel Richard Seifert）的 1967 年版詹森四驱车在 2010 年被拍卖时，我很遗憾没能买下它。这位饱受争议的伦敦建筑师是在中心塔（Centre Point Tower）竣工时订购这辆汽车的。这座像时装模特一样高挑的摩天楼是他的事务所为开发商哈里·许亚姆斯设计的，他们还为此与该市的规划系统进行了协商。而哈里也买了两辆 FF，他的妻子在一场慈善晚宴上赢得了第三辆。

若是中心塔的故事并不能很好地说明问题，那么詹森就是一辆十分特别的汽车。很多建筑师都喜欢詹森汽车，甚至要收藏起来，却觉得要在公众面前抨击它们。每个 21 世纪的建筑项目都必须是"可持续的"，而汽车是不可持续的。亨利·福特给我们留下了一个尚未解决的难题。

参数化设计

计算机游戏的风尚，还是建筑长久的新未来？

阿联酋哈扎·本·扎耶德体育场

模式建筑事务所设计

参数化设计在 21 世纪蔚然成风，好像是开天辟地的新事物。从本质上看，它指的是建筑的要素或构件之间的关系可以进行控制，从而创造出新的复杂形体；它的手段一般是计算机程序。这就能让建筑以不可思议的方式扭曲、旋转，仿佛全然不受结构、材料和设计常规的约束。

这方面的研究或许要首推帕特里克·舒马赫（Patrik Schumacher）的两卷巨著《建筑学的自创生系统论》（*The Autopoiesis of Architecture*, 2010 年）。这位作者是扎哈·哈迪德建筑事务所的总监、资深设计师。这家事务所以现代最大胆的建筑设计享誉全球。舒马赫讨论了构成建筑的各种表达模式相互依赖、组合并构成独特的社会子系统的方式。这种系统是与艺术、科学、政治和经济等其他重要的自创生子系统同步演进的。换言之，舒马赫在尝试创造一种将理论支撑用于实践的统一建筑理论，而参数化设计让建筑进入自创生的领域。

当选择了错误的人或计算机程序，并缺少高水平的智力支持时，参数化设计过程让建筑师玩起了建筑造型的疯狂游戏——为了变化而变化。当行走在城市中，看到仿佛是一群烂醉的狒狒用歪七扭八的房子堆成的空间时，人们不得不学会忍受这种毫无美感的环境。

扎哈·哈迪德用装置"参数化空间"（Parametric Space）向人们证明了参数化设计与艺术能够结合在一起，形成优美的动感。这个装置是她在 2013 年与丹麦设计工作室 Kollision、研究工作室 CAVI 和动态设计师沃尔伯格为哥本哈根的丹麦建筑中心制作的。

耐人寻味的是，参数化设计本身在计算机问世以前就已存在。在圣家堂博物馆这座雄伟的大教堂的耶稣受难立面下方（见本书第 34 页），人们可以看到安东尼奥·高迪为巴塞罗那外围工业区设计的古埃尔公园（Colonia Güell）的教堂模型。这个上下颠倒的模型说明了高迪是如何设计出这个史无前例的复杂拱顶的。长短不一的悬索将模型从顶部吊起，并以小铅弹为配重，通过调节来改变拱顶的形状。高迪用镜子来观察模型的内部，看它的参数如何随悬索的长短和位置变化。

如今计算机取代了这种模型，但这种 100 年前的参数化设计是行之有效的。不过，古埃尔公园的教堂从未建成。今天只能看到两个相互重叠的中殿的底部，它们顶上是高矮不一的塔，中间是一个穹顶。或许中止这个项目是明智之举。参数化设计的确会走得太远。

维多利亚式哥特

19 世纪的浪漫，还是粗俗的颓坏？

1967 年 11 月，距离拆除圣潘克拉斯大酒店（St Pancras Chambers）和它后面的火车站还有十天时，它们被列为一级历史建筑，保证了它们至少不会就此消失。直到 1935 年，它还是一座金碧辉煌的维多利亚风格的酒店、一座无以复加的哥特复兴式巨作。而拆除的方案是要将这个无与伦比的建筑综合体改为沉闷的新运动中心、办公楼和呆板的住宅。

2007 年 11 月，英国女王让圣潘克拉斯重新开张。如今它不仅被恢复成一座带天台的富人公寓式的大酒店，还是一座迷宫般的火车站。它不但为伦敦周边服务，还能以精巧的地下高速通道直达巴黎。

拯救圣潘克拉斯的行动在诗人、记者和建筑史学家约翰·贝奇曼的带领下经历了漫长而激烈的五年。这并不只是去努力说服普罗大众和建筑史学家同行，告诉他们圣潘克拉斯是值得保留的；因为，尽管贾尔斯·吉尔伯特·斯科特爵士华丽的米德兰大酒店（Midland Grand Hotel）及威廉·巴洛（William Barlow）和罗兰·奥迪什（Rowland Ordish）庄严的火车站在今天是毋庸置疑的无价之宝，

埃菲尔铁塔为何伟大

但在 1967 年却并不是这样。

当时英国杰出的建筑史学家约翰·萨默森曾以鄙夷的目光看待圣潘克拉斯。1968 年，他还在为斯科特的酒店与巴洛的火车站之间"建筑学与工程学的分离"叹息。萨默森对"以不同的人将功能与'艺术'的标准截然分开的做法"嗤之以鼻。多么可笑！难道他从来没有抬眼看看巴洛和奥迪什的大拱券，然后发现这也是哥特设计、工程学对建筑师"艺术化"酒店的完美点缀吗？

我想萨默森、英国当代铁路管理者和 20 世纪 60 年代中期的许多政客不喜欢圣潘克拉斯的地方是，那让他们想起了曾经的成长经历、苛刻的保姆、冰冷的卧室、教科书、过度的体罚和早晨的一剂鱼肝油。这一代人要的是坚定的现代风格，而不是刻板的维多利亚风格甚至奢华的爱德华风格。

　　诚然，维多利亚式哥特建筑确实比之前优雅的乔治风格更豪放，但它们往往是浪漫而激动人心的设计。但是，我们真的能学会欣赏走向极致的维多利亚风格设计吗？比如威廉·巴特菲尔德（William Butterfield）的牛津基布尔学院礼拜堂，或者小乔治·吉尔伯特·斯科特在诺里奇昂桑克路上令人生畏的施洗约翰大教堂。然而，当初是艾尔弗雷德·沃特豪斯（Alfred Waterhouse）的曼彻斯特市政厅让诺曼·福斯特这位登峰造极的现代主义大师梦想成为一名建筑师的。

　　维多利亚时代建造了数不清的建筑——尤其是教堂——却未能给工业化的英国带来几分灵气。因此出现了数百座沉重或是雕琢过度的维多利亚式哥特建筑，但它们差不多都是值得回味的。若是不仔细观察，那么不只是伦敦，就连整个世界都险些失去圣潘克拉斯迷人的维多利亚式哥特设计中的精华。

悉尼歌剧院
无私的象征，还是小气的标志？

  "这个方案提交的图纸简单得像图示一样。尽管如此，在反复查看这些图纸后，我们确信其中表现的歌剧院会成为世界上最伟大的一座建筑……因为它极具原创性，所以显然也是一个有争议的设计。不过，我们对它的价值深信不疑。"

  这段富有远见的评语出自由四个人组成的评委会，其中就包括埃罗·萨里宁。1957 年 1 月，39 岁的约恩·伍重（Jørn Utzon），一位光彩夺目却未经世事的丹麦建筑师，被选为悉尼歌剧院的设计师。50 年后，这座于 1973 年落成的建筑被列为联合国教科文组织的世界遗产。呈给世界遗产委员会的专家报告认为："它代表了人类的创造力在 20 世纪乃至人类历史上无可置疑的一大杰作。"

  1965 年自由党在新南威尔士选举中获胜后任命的新公共工程部长戴维·休斯却对这种评价不以为然。

  这座歌剧院是工党的项目，而且造价不菲。澳大利亚建筑师、评论家伊丽莎白·法雷利在《悉尼晨锋报》上发布的伍重讣告（2008 年 12 月 1 日）中犀利地写道："在莫斯曼的一场晚宴上，休斯的女儿休·伯戈因吹嘘她的父亲很快就会开除伍重。休斯对艺术、建筑和美学毫无兴趣。这个骗子、市侩小人曾在议会上被曝谎称拥有大学学位19年，并失去了作为国家党领袖的支持。这座歌剧院又给了休斯一次机会。对于他和对伍重是一样的，这归根到底是控制的问题；土生土长的平庸战胜外来天才的骄傲。"澳大利亚与先锋的关系总是怯怯的，法雷利如此补充说明。

澳大利亚人的好奇心和疑心都很重，兴趣很多却极惧风险。他们被吓坏了。20世纪中叶的悉尼在一位评论家眼中永远是"乔治国王的劳改营"，它就是这种羞赧的核心。澳大利亚向现代世界的结构性转变姗姗来迟，却因此迅猛异常。伍重正是陷入了这种原生的恐惧与狂妄的乐观之间的矛盾中。

伍重拥有异想天开的才华，而休斯的庸俗和敌意使得迟迟未能付给这位建筑师的报酬在1966年2月升到了10万美元。

随后他离开了——毫不意外——并住进了自己设计的一座俯瞰马略卡岛海面的住宅里，优美而质朴（在20世纪80年代中期，受到他和他的妻子丽丝的邀请，我去他家住了几天）。在悉尼之后，他几乎不再设计。当歌剧院开张时，为了表示和解的意愿，澳大利亚建筑师协会向伍重颁发金牌。可他既没有出席皇家开幕式，也没有离开马略卡岛去领奖。他逝世后，我在《卫报》上写下了自己第一次去悉尼的经历：

"我第一次去澳大利亚时，一轮满月照在悉尼歌剧院的屋顶之上，在那里漫步是伍重带给我最美好的时刻之一。想象一下，在梦境之中，四周为这座海港城市营造出千变万化的美景的大帆状屋顶，或许可以由一只巨大的手合成一个完美的球体。这里有造型的天才、技术的奇迹和十足的建筑魅力：空间的诗。高迪和勒·柯布西耶若是看到都会赞颂它！惊叹不已的我，甚至无法做出那个人人都会的简单姿势。"

2003年4月伍重荣获普利兹克建筑奖。评语写道，"毋庸置疑，悉尼歌剧院是他的杰作。这是20世纪伟大的标志性建筑之一，举世闻名的优美形象——它不仅代表一座城市，也代表了整个国家和澳洲大陆。"

戴维·休斯在这一个月前过世，但他的反应不难想象。"用石头赶走这群乌鸦！那个项目就像一个疯女人的早饭，而那个设计它的外国家伙让我大吃一惊，就好像一个顶级围场里有几只袋鼠在蹦蹦跳跳。"对了，休斯曾在1975年封爵。

约恩·伍重为悉尼歌剧院设计的轮廓草图
1957年

悉尼歌剧院

埃菲尔铁塔为何伟大

灯光照射下的歌剧院，背后是悉尼港大桥

震颤派风格
生之设计，还是死之设计？

最后一个活跃的震颤派（Shaker）社区在缅因州的萨巴斯迪湖。我最后一次到访时，那里有三名成员。19 世纪中叶曾有 20 个社区和 6000 名震颤派教徒，但由于震颤派的成员严格禁欲，所以他们的数量随着教会的枯竭直线下降。

像马萨诸塞州的汉考克震颤派村庄那样优美的社区有一种奇怪的死气，如今它已是一座博物馆。这些 18 世纪风格的建筑——质朴、简约、比例完美——具有无可争议的美。震颤派设计——质朴、简约、比例完美的桌椅——不仅迷人，而且是世界上数千个教育良好的中产阶级家庭的特色。但是，震颤派教徒本身在其中是缺失的。无论多少充分的讲解都不能取代他们的生活方式和不同于世人的宗教信仰，还有他们为基督"震颤"的著名舞蹈，而不是为"猫王"埃尔维斯。震颤派建筑是满怀深情的，但创造它的那种生活却已消逝。它所展示的是坟墓，绝不是摇篮。

汉考克震颤派村庄办公室内部
马萨诸塞州皮茨菲尔德

《建筑评论》的《震怒》特刊封面
1955 年

《震怒》特刊

英勇之举，还是无义之举？

　　伊恩·奈恩（Ian Nairn）在加入《建筑评论》之前曾在英国皇家空军担任格罗斯特"流星"式喷气战斗机飞行员。这种有高度的视野让他能对英国城镇的蔓延作出敏锐的观察。他很快就在1955年出版的《震怒》（Outrage）特刊上出了风头，其中的内容出自这位25岁青年驾驶他的软顶莫里斯"迈纳"型汽车从南方的索伦特开到北方的伊登河的经历。他为当时拥挤不堪的干路长途旅行创造了一个词：次郊（Subtopia）。

　　"它的症状是，"他写道，"南安普顿的尾将会像卡莱尔的头；中间的部分会像卡莱尔的尾或是南安普顿的头。"而震怒呢？"震怒就是所有的地面都会被包围着我们城镇的霉菌侵蚀……次郊就是对场地的泯灭，将地方的一切个性都轧成千篇一律的平庸模式。"

　　这就像威廉·科贝特骑着他的小马驹穿越英国南部时的感受："整个米德尔塞克斯郡都奇丑无比！"他在1830年的《乡村骑行》（Rural Rides）中充满火药味的一章开头吼道。同样关注这一话题的还有约翰·拉斯金、约翰·贝奇曼、给威尔士北部带来波特梅里恩村的建筑师克拉夫·威廉姆斯－埃利斯（Clough Williams-

Ellis）和 20 世纪城市规划师托马斯·夏普（Thomas Sharp）。托马斯相信战后现代主义建筑及其发展可以同人文理想相协调——魁梧的奈恩在骨子里也是这么想的——紧缩的城市与真正绿色的乡村共存，而我们是守护者，不是消费者或掠夺者。

奈恩一直在专业领域以及国家媒体、书籍和电视上战斗。然而，尽管政客、官僚、禄蠹以及近年来的智库和半官方机构说了许多似是而非的话，次郊的蔓延还是远远超过了奈恩心中最恐怖的噩梦。在第一次听到他标新立异的声音的 60 年后，我们的震怒还是空前的：次郊已占领了大半个世界。而伊恩·奈恩却因饮酒过度英年早逝。

阿尔伯特·卡恩
美国的英雄，还是苏联的帮手？

仅从数量上看，阿尔伯特·卡恩（Albert Kahn）无疑是世界上迄今为止最高产的建筑师。这位普鲁士拉比讲师的儿子在1880年随家人移民到底特律，几乎没有受过正式教育，却在事业上大红大紫。作为大跨钢筋混凝土建筑的先锋，他1903年的帕卡德（Packard）工厂设计赢得了亨利·福特的青睐。此后，卡恩为他设计了1000多个项目，包括1910年的高地公园厂（Highland Park Plant）。这是福特使他的大规模生产线走向完美的地方。而后卡恩又设计了迪尔伯恩的福特里弗鲁日厂（Ford River Rouge Complex）的总平面（1917年）和几座主要建筑。福特里弗鲁日厂是世界上最大的一体化生产工厂。

1929年，卡恩被请去设计壮丽的斯大林格勒拖拉机厂（Stalingrad Tractor Plant）。苏联缺少这种人才，对福特和卡恩在极短的时间内取得的巨大成就震惊不已。这座工厂后来在二战期间生产了数以千计强力可靠的T-34坦克。卡恩因此赢得了委任，在苏联第二个五年计划期间为斯达汉诺夫运动中突击建设的所有工厂充当顾问。他指导建造了500多个工厂，并在这个过程中培养了约4000名苏联建筑师和工程师。

回到美国后，截至 20 世纪 30 年代末，卡恩已经雇用了 600 名建筑师。他的事务所设计了全美国五分之一的生产工厂。他高达 50 万美元的薪水在美国数一数二。"建筑，"他说，"是 90% 的商业加 10% 的艺术。"

二战爆发后，卡恩独特的天才一次又一次给他带来红利。为了大规模生产军用坦克，他在 1940 年给克莱斯勒公司在密歇根州沃伦设计的巨大的底特律军工坦克厂（Detroit Arsenal Tank Plant），在尚未全部竣工时就已开始在流水线上生产坦克。1941 年至 1945 年，美国四分之一的坦克是从这里生产出来的。按照设计，这座防轰炸的建筑在战争结束后将改为民用。尽管有一部分确实是这样做的，但这个庞然大物在今天还有很大一部分是军用的。

卡恩的最后一个项目是密歇根的威洛鲁恩轰炸机厂（1941年），供福特汽车公司大规模生产联合飞机公司的 B-24 轰炸机。它的装配线长达一英里（约 1.6 千米），很有可能是世界上最大的单个空间。

假如卡恩在震撼人心的美苏工厂之外没有建造别的什么，那他的名声就会高高在上。不过，至少在美国总会有些人觉得，一位自由资本主义世界的专业人士为苏联工作，不仅是蹊跷，甚至是错误的。但是，卡恩还设计了很多建筑：装饰艺术风格的摩天楼、板瓦风格（Shingle-style）的住宅、新古典主义的大学讲堂和别致的绿地温室。它们与其他设计同样都是有史以来最高产的一家建筑事务所有条不紊的快速产品。

埃菲尔铁塔为何伟大

阿尔伯特·卡恩

阿道夫·卢斯
倚靠天赋，还是癫狂？

当90%的人在炫耀文身，并穿着极其暴露的服装——上面尽是胡言乱语和毫无美感的装饰时，阿道夫·卢斯（Adolf Loos）会如何看待21世纪的生活呢？

卢斯是摩拉维亚布尔诺一位德国石匠的儿子。这位基本上是自学成才的建筑师，在1908年新艺术运动和维也纳分离派如火如荼之际，写出了《装饰与罪恶》（Ornament and Crime）。这部激昂澎湃的论著描述了人类文明的进步与装饰退化的关系。假如新的20世纪人类要像巴布亚人一样给自己文身，卢斯认为，我们就应该认为他是堕落的，甚至是罪犯。这位建筑师还在维也纳监狱的草图上画了有文身的罪犯。"任何生活在我们今天文化层次上的人，"卢斯写道，"都不会再进行装饰……摒弃装饰是意志力的象征。"

卢斯后来为奥匈帝国首都高雅富贵的客户在比尔森和布拉格设计了精致简约的别墅和店铺，还有一座著名的酒吧（维也纳的克恩顿，即今天人们熟知的美式酒吧）。他优雅的室内空间尽管全无装饰，却使用了高贵奢华的材料。虽然它们并不是现代运动

埃菲尔铁塔为何伟大

的先兆——很多 20 世纪建筑史学家曾努力证明这一点，但它们是一位完美主义者头脑中的优美设计。

卢斯是一位颇具争议的人物。他有过三次风云激荡的婚姻，1928 年因为调戏幼女被送上法庭，并表现出痴呆的早期迹象。哦天哪！然而，谁能说卢斯关于装饰的观点是错误的呢？今天，疯狂的大规模消费主义和故意低俗的文化，深刻地体现在愈发泛滥的文身以及用购物中心和令人大笑的新博物馆装饰的城镇。正如一切真正有争议的人，卢斯的文章在今天和过去一样令人难以理解。不过，他建筑的光辉永远都是可与每个人分享的快乐。

维也纳美式酒吧

约翰逊玻璃住宅平和的室内

埃菲尔铁塔为何伟大

菲利普·约翰逊
百变建筑师，还是纽约社交达人？

菲利普·约翰逊这位才华横溢而又同样饱受争议的美国建筑师，曾多少次将建筑与卖淫联系在一起？"建筑师差不多就是高级妓女。我们可以像她们拒绝某些客户一样拒绝项目，但如果我们想保持业务往来就都要接受某些人。"我不知道这是约翰逊何时何地说的，但是他在 1972 年 12 月 15 日芝加哥格雷厄姆基金会的一次演讲中说："就像爽快的妓女一样，我们给钱就干。谁掏钱我们都好好干。"

尖刻的约翰逊是不是怨言太多？不是。这是一位富有、有文化的绅士，在 37 岁建筑学毕业时大器晚成。他变换风格和手法就像模特在时装表演上换衣服一样。20 世纪 30 年代初，他是一位积极的"白色"现代主义者，与历史学家亨利-拉塞尔·希契科克一起，他在纽约现代艺术博物馆举办的"国际主义风格"展上，向美国大众介绍了勒·柯布西耶、密斯·凡·德·罗和瓦尔特·格罗皮乌斯。

约翰逊还加入了美国纳粹党，至少出席了一次纽伦堡集会去听希特勒的演讲。而后，他在 1939 年以梅尔·布鲁克斯般的笔法，向美国纳粹报告了德国对波兰的入侵。

战后，他成了一名出色的 20 世纪中叶现代主义者。他于 1949 年在康涅狄格庄园建造的谦和而精美的玻璃住宅是他最杰出的作品。此外还有密斯公园大道上的西格拉姆大厦大堂。而在他发现"少就是烦"后，又成为一个后现代主义主力，并与约翰·伯吉（John Burgee）合作设计了一座又一座巨大的办公楼。只要能"勾引"到石油大亨或商业公司，什么风格都可以：无论是匹兹堡的新新哥特，还是曼哈顿的断山花"齐本德尔"。

后来，他又鼓吹解构主义，把当美国风格贩子作为享受。对于约翰逊来说，建筑是关于艺术和风格的，是关于赚钱和吸睛的。他的确声名大噪，最终在玻璃住宅安静的睡梦中离开了人世。或许他只是希望被爱。

工艺美术运动
高贵的质朴，还是莫里斯的建筑师之舞？

　　英国工艺美术运动是 1880 年至 1910 年兴起的一种风格，或者可以说是一种道德上的圣战。它的主要践行者创造的建筑给人一种平和的兴奋，而且不出人意料的是，它们都是精美别致之物——比如普赖尔（E. S. Prior）的霍尔特霍姆庄园和埃克斯茅斯的粮仓；沃伊齐（C. F. A. Voysey）的乔利伍德奥查德住宅；欧内斯特·吉姆森（Ernest Gimson）的阿尔弗斯克罗夫特斯托尼韦尔村舍。而就在它们中间也蕴含着不少矛盾。

　　威廉·莫里斯是一位多才多艺且精力过人的织匠、作家、艺术家和宣传共产主义的资本家。他竭力推行的工艺美术运动充满了反工业化的精神。与之前的拉斯金和皮金一样，它梦想着重现一个惬意的匠人世界、某种"美好英国"（Merrie England）。在那里，人人都会与自然和谐相处。每个人都是艺术家。闲暇之时，莫里斯就会绕着村子的五月柱跳起舞来，并设计一种制服或者建立一个当地民歌社团。

　　而从一开始，它的问题就是显而易见的。华丽的挂毯、手工印刷的书籍，以及设计到无以复加的地步，并用最好的传统材

料精心打造的橡木椅，必定是高成本的。莫里斯抱怨自己要"满足富人贪婪的奢侈"。工艺美术运动的建筑也是给有钱人的。莫里斯自己的贝克里斯希斯红屋（Red House），1859 年菲利普·韦布（Philip Webb）设计的早期作品，是一个恰当的例子。尽管它看上去比当时奢华的维多利亚时代建筑低调，它精致的材料和装饰华丽的室内却使它造价不菲——设计者是韦布、莫里斯和他具有审美品位的妻子珍妮以及拉斐尔前派（Pre-Raphaelite）画家爱德华·伯恩-琼斯。如今，这座红屋的周围已是郊区和像超级市场一般的房屋，这些房屋却以与之不匹配的工艺美术运动建筑的风格建造。

后来，米德尔塞克斯郡和赫特福德郡被开发商住宅破坏的草地和商品果蔬园，竟以全国平均工资两倍的价格售出。目睹了这一切的沃伊齐，是否曾从奥查德住宅向包围过来的各种半独立住宅望去，将它们连成一幅画？

乔利伍德奥查德住宅
赫特福德

霍尔特霍姆庄园
诺福克

查尔斯·伦尼·麦金托什
杰出的苏格兰人，还是旅游胜地的名人？

　　看这本书的读者或许不理解，但我要承认，我对查尔斯·伦尼·麦金托什的作品从不感兴趣——格拉斯哥艺术学院，当然，还有他在 20 世纪 20 年代法国南部旺德尔港生活期间画的风景水彩。所有纤细的家具和卷曲的白色艺术室内空间让我浑身冰冷。

　　不过，我的看法与近几十年发展起来的查尔斯·伦尼·麦金托什产业毫无关系，而它在格拉斯哥这座二战以来历史建筑被大肆破坏的城市尤为明显。在格拉斯哥可以看到麦金托什的围裙、茶巾、杯垫、坐垫、盘子、吊坠、领带、腕表、钥匙链、明信片、袖扣、茶壶、胸针、托盘、夜灯、威士忌酒杯、手包和棒球帽——但至今还没有雨衣。对于有钱人，麦金托什家具的复制品在当地和全球各地都是可以买到的。

　　那么，如果说巴塞罗那在利用高迪的名声和建筑，那为什么要指责格拉斯哥的"卖"金托什？我和建筑史学家加文·斯坦普都认为格拉斯哥另一位杰出的建筑师亚历山大·"希腊风"汤姆森（Alexander 'Greek' Thomson）一直被埋没，尽管斯坦

格拉斯哥艺术学院

普极力推崇他。2014 年格拉斯哥艺术学院失火后，很快进行了必要的修复，但汤姆森设计的雄伟的联合大街上的埃及大厦（Egyptian Halls）一直无人打理，就和 30 年前一样。

汤姆森在格拉斯哥设计了高大的商业建筑和联排住宅，还有三座完全原创、极其庄严的教堂——一座在 20 世纪 40 年代被德国空军摧毁，另一座在 1965 年遭到当地破坏。一个地方英雄成了旅游产业的明星，而另一个却不是——多么蹊跷！但愿好运和祈祷能在未来将更多的汤姆森建筑保留下来，尽管很大可能会是"希腊风"汤姆森的花格织物、印着三陇板的 T 恤衫和带柱槽的不倒翁。

建筑与道德
责任，还是投机？

　　建筑中存在某种显而易见的道德因素——不是建造的美，而是在特定时间的正确设计和建造方式——这种观点颇为耐人寻味。然而，从 20 世纪 30 年代起，道德与建筑的观点就混杂着一种德国的观念：始于格奥尔格·威廉·弗里德里希·黑格尔时代的"时代精神"（zeitgeist）。

　　或许这种精神存在与否并不可知。地球上的生命从来都是复杂难料的，更不要说宇宙和它之外未知的一切。但以尼古劳斯·佩夫斯纳为代表的新一代建筑史学家提出了他们的观点，而这在现代主义运动的建筑师以及他们在专业媒体和出版社的支持者听来就是凝固的音乐。这位德国学者曾在具有设计思维并且崇尚道德的伦敦客运委员会总负责人弗兰克·皮克的帮助下到英国避难。

　　20 世纪的时代精神是功能主义。现代工业社会需要现代主义来塑造它的建筑，从工厂到工舍，再到娱乐、教学和宗教场所。建筑师的责任就是根据时代精神去设计。不这么做不仅是过时或不相称的，而且是不道德的。用历史风格来设计会令人生厌，因为那与时代精神不相符。

所以，毫无生气的高层混凝土大厦和其他乏味的功能主义建筑在哲学和道德上都是正确的。不仅如此，由于现代主义满足了新社会的时代精神，建筑就不再需要历史风格了。现代主义本身不是一种风格，它是一种道德责任。因此……

我在安妮女王大门街的建筑出版社工作时听到了这些。在那里，陈腐的贵族做派与英国上流社会的生活方式同现代主义苦修式的激进并行。到了战后，通过预制建成的赫特福德学校是好的，勒琴斯式的建筑就是不好的。甚至勒·柯布西耶都要被质疑；20 世纪 40 年代中期，他踏入表现主义领域，站到了道德的边缘。

1977 年，剑桥历史学家戴维·沃特金出版了一本发人深省的著作《道德与建筑》（*Morality and Architecture*），推翻了时代精神的思路。在安妮女王大门街是不能说看过这本书的，更不要说认同了。然而，从建筑的角度把道德同特定的时代联系在一起，从来都是一个特别的追求。皮金想借此复兴他钟爱的哥特建筑，拉斯金的做法难以令人信服，佩夫斯纳在这个追求上满怀激情。

现代主义本身的确曾是一种信仰，但现代主义运动建筑有很多形式。在 21 世纪，时代精神是金钱与渴望，新的道德是"可持续性"。而在实践中，这几乎毫无意义，建筑师却像宗教咒语一样咏颂着这个词。他们知道如果不这样做就会被打入职业的深渊。现代主义建筑师仍是需要道德形象的。

切森特加德莫·莱恩小学

赫特福德

1959 年

建筑与道德

塔塞尔公馆
布鲁塞尔

新艺术运动
革新的艺术，还是轻佻的自负？

　　遍及欧洲的"新艺术"有许多名字——新艺术（Art Nouveau）、青年风格（Jugendstil）、加泰罗尼亚现代主义（Modernisme）、分离派（Secession）和利宝风格（Stile Liberty）。虽然这种怄惋动人的美学运动——为艺术而艺术——从 1895 年到 1910 年只是昙花一现，却不断挑动着作家、插画师、电影制片人、珠宝商、室内装饰匠和时装设计师的想象力。而对于建筑师，也许它过于轻浮或古怪了。

　　虽然新艺术建筑师的作品有很多变体——埃克托尔·吉马尔（Hector Guimard）的巴黎地铁曲形入口、维也纳分离派的直线条、芬兰和匈牙利的民俗装饰元素——其基本思想是"全艺术"（Gesamtkunstwerk）。在这种包罗万象的艺术创作中，建筑的每一个细节都有它的风格和工艺。毋庸置疑，这是一项耗费颇高的工作。而新艺术很少会面对大众的品位，比如像吉马尔的地铁入口那样蔚然成风的城市中心咖啡厅立面，或是像艺术家亨利·图卢兹－劳特累克那样成为印刷海报的作品。

　　这种有着蜿蜒的线条、花草般的造型和卷曲金工的风格虽然十分迷人，却陷入了"颓废"（Decadence）潮流的泥潭。这种潮流将新艺术与后期拉斐尔前派、象征主义（Symbolist）诗人和画家品着苦艾酒幻化出来的梦境糅在一起——巴黎的夏尔·波德莱尔和奥迪隆·雷东，伦敦的奥斯卡·王尔德、奥布里·比尔兹利和西奥多·弗拉季斯拉夫——到处是低垂的百合、鞭状的线条和昏暗的性感。

新艺术孕育出了它的杰作。面对维克托·霍尔塔（Victor Horta）的布鲁塞尔塔塞尔公馆（Hôtel Tassel, 1894 年），很难不被它均衡而令人愉悦的美打动。漫步在赫尔辛基的卡塔亚诺卡街道上，看到新艺术作为迅速兴起的民族主义强有力而浪漫的符号，甚至用在极为成功的城市规划上时，是不能不仰慕这种手法的。我不知道王尔德或博西就此会如何发挥。这有点太严肃了？来杯苦艾酒吧，孩子。一切很快就会过去的。

混凝土
冷冰冰的实用材料，还是创意的基石？

　　混凝土并不总是与 20 世纪 50 年代至 70 年代间蜂拥建成的肮脏、发霉、阴森的地方政府大楼联系在一起，但"混凝土"与"灾难"在英语里是密不可分的。

　　最可怕的"混凝土灾难"是密苏里州圣路易斯市的普鲁伊特－艾戈（Pruitt–Igoe）公共住宅项目。该项目于 1956 年建成，在 33 栋混凝土板楼中共有 2870 间公寓。它的建筑师山崎实还设计了同样悲剧性的世贸中心双塔。虽然住户认为这个新家比他们走出的贫民窟要好，但政客和地方政府的催赶以及仓促的施工带来了诸多缺陷。再加上犯罪、疏于维护和种族隔离的强制政策，普鲁伊特－艾戈变得不堪入目。批评家查尔斯·詹克斯宣布"随着臭名昭著的普鲁伊特－艾戈项目板楼被炸药实施了安乐死……现代主义建筑于 1972 年 7 月 15 日下午 3 时 32 分在密苏里州的圣路易斯市死亡！"

　　现代主义建筑的死亡是夸大其词了，但在詹克斯看来，混凝土这种显而易见的大规模失败足以终结它的命运。当然，混凝

混凝土

233

与现代主义建筑的故事还有另外一面。这种材料有着高贵的历史，经过罗马人的改善，混凝土使万神庙藻井穹顶那样雄伟壮观、屹立千年的设计成为现实。它让罗马人从希腊人推崇的古典梁柱结构迈向拱顶和拱券，创造出大型公共浴场、巴西利卡、竞技场和宫殿——无不让我们联想到那个强大的帝国。

现代形式的钢筋混凝土将建筑推上了新造型和新尺度的探索之路。在勒·柯布西耶和他的追随者手中，它是一种情绪多变而富有诗意的材料。在日本，安藤忠雄（1941年生）这位曾经的拳击手和卡车司机赋予了混凝土平和、纯朴的美。

混凝土以其可塑性、高强度和低成本，让发展中世界的建筑师能够进行光鲜的设计和施工，而在这一领域，巴西的奥斯卡·尼迈耶（见本书第67页）独占鳌头。混凝土建筑是蕴含着诗意的。战后的英美政客和建筑师用未经检验的材料和技术匆忙建设，败坏了混凝土的形象，怎不令人扼腕。

普鲁伊特－艾戈项目的娱乐室
密苏里州圣路易斯市　　　　　　　　后页：尼迈耶的巴西利亚大教堂

混
凝
土
——

上：空军学院礼拜堂
科罗拉多斯普林斯 　　　　　　下：新教礼拜堂中殿内的彩绘玻璃窗

埃菲尔铁塔为何伟大 ——

238

美国空军学院礼拜堂，科罗拉多斯普林斯

对灵性的致敬，还是对军事的致敬？

科罗拉多斯普林斯闪亮的卡德特礼拜堂为喷气机时代战斗机的精神和技术注入了一种缥缈的灵性。这是一座超凡脱俗的建筑，在今天与 1962 年开始迎接信众时一样引人注目。它的造型是 17 个紧密排列的不锈钢尖塔——高 46 米，由 100 个四面体组成，下面以混凝土扶壁支撑——仿佛倒插在混凝土基座上的后掠翼。

这些尖塔之间狭小的空隙布满了彩色玻璃马赛克。中殿具有超凡脱俗的效果，这里是新教的礼拜堂；其他教派的礼拜堂和祈祷厅位于它的下方，并且各有千秋。这是世界上最动人、最优美的宗教场所之一。

这看起来是不是有点奇怪？阅兵、部队和马赫 2 型喷气机竟如此接近上帝？然而，科罗拉多斯普林斯的军官必须背诵《高翔歌》——在地球上和太空中翱翔的飞行员和航天员最喜爱的诗歌。它出自空军少尉小约翰·吉莱斯皮·马吉之手。这位出生在中国

的英美裔喷火战斗机飞行员，在美国加入盟军之前进入加拿大皇家空军抗击希特勒。马吉的父母是圣公会的传教士，他的父亲后来成了华盛顿圣约翰福音教堂的助理牧师。马吉在林肯郡于他的喷火战斗机与另一架飞机相撞后牺牲。

《高翔歌》不只是为了纪念他，而是为了纪念所有的飞行员。它也是科罗拉多斯普林斯军官礼拜堂精神和建筑的一个象征。我曾拜访这座礼拜堂的建筑师——芝加哥 SOM 建筑事务所的小沃尔特·内奇（Walter A. Netsch Jr），那时他只能坐在轮椅上，却能将《高翔歌》脱口唱出。

生态小镇
绿色认证，还是绿色洗脑？

2007 年，英国的新工党政府宣布了一个 15 座"生态小镇"的设计竞赛。从一开始，这个设想就是愚蠢的——或许初衷是好的——而且备受争议。它的目标是在绿色地段建设新的"零碳排放"小镇。与传统的城镇不同，生态小镇不需要贸易甚至旅游这些产业去生存和发展，而仅仅因为它们号称比过去的城镇更节能，就被认为是好的。

这个方案看上去从一开始就是有缺陷的。由于眼下的工作极少，生态圈的人需要把宝贵的能源用在去老城的通勤上。各行各业的评论家都以怀疑的目光看待这次竞赛。

这不过是一种绕开烦冗的英国规划系统，以便在农田上大量建造新住宅的巧妙而时髦的方式。

2008 年，剑桥郡汉利·格兰奇（Hanley Grange）的一个生态小镇方案在超市巨头乐购退出后搁浅了。当地人戏称它"乐购小镇"。方案以大型商店为中心，为乐购员工和顾客提供了可持续的住房。每个人都认为这种做法是在刮家底——除了新工党政府和它的建筑顾问。他们知道这种开发会夺去古镇商业街的生气和

未来生态小镇的田园景象
单轨火车在巴特林的假日营地上滑过
萨默塞特迈恩黑德
1967 年

商机。然而，不论何时何地，只要有机会，他们都会将新的超级大商场推向英国乡村——尤其是乐购。而他们究竟为什么要这样做还是一个谜。

然而，游戏在今天已经结束。只有一座生态小镇——第一个，也是最后一个——西北比斯特在政府智库的这个笑话公之于众5年后破土动工。若是改善现有乡镇的生活并进行新的建设，其实会好得多，而且最终是更"可持续的"。

这种特别的生态小镇项目的问题在于，推动它的是公共关系、比拼选票和绿色洗脑——与环境问题有关的时髦对话，甚至搞笑节目（"侃大山"）——而不是真正或恰当地对城镇和建筑的未来进行周密的思考。

欧洲的其他地方对待这件事要严肃得多。例如，在德国弗赖贝格这个以绿色行动著称的小镇，像罗尔夫·迪施（Rolf Disch）这样的建筑师正在证明建筑的能耗可以降至最小——无论住宅还是办公楼。他的目标不是赢得政治加分，而是要为我们所有人的未来进行周全的思考和建设。

即便如此，传统城镇和古镇也会让我们想到，在现代技术、汽车和环境保护主义本身问世之前，有多少居住区和建筑都是"绿色"的。

邓莫尔菠萝屋，苏格兰
昂贵的自我放纵，还是对建筑愉悦的投入？

"你觉得建造它的代价是什么？"一个朋友在几年前问。当时我们正在夏日小酌，一边望着 6 英亩（约 36 千亩）邓莫尔公园（Dunmore Park）中 14 米高的巨大石菠萝——总是有那么点滑稽。

手上没有 18 世纪的记录，我也不知道。不管怎样，即使我能说出成本的数字，它也无法转化成与今天的消费有意义的比较——从汽车和住房到度假和数字设备统统不能。邓莫尔菠萝屋造价不菲，但在建筑和景观园林都要花大钱的时代，小品建筑无论成本多少都给我们带来了百倍的回报，那就是长久的愉悦。

邓莫尔菠萝屋是英国最精致的小品建筑。它的故事经过多年已混乱不清，似乎是 1777 年邓莫尔伯爵四世约翰·默里（John Murray）从美国回来之后建造了它。

他是英国最后一位弗吉尼亚州州长。菠萝最初是欧洲人在克里斯托弗·哥伦布登陆瓜德罗普时发现的。邓莫尔花园围墙中的玻璃温室（早已消失）曾种有菠萝，而这个巨大的菠萝就成了一种特殊的回归。

它 的 设 计 师 很 可 能 是 威 廉 · 钱 伯 斯 爵 士（Sir William

邓莫尔菠萝屋

斯特灵郡

Chambers）。这位苏格兰商人的儿子出生在瑞典，他最著名的是邱园（Kew Gardens）的小品建筑，以及萨默塞特府（Somerset House）和 1760 年的皇家金马车（State Coach）——车轮上的皇家大合唱。看到这个菠萝别具匠心地矗立在一座帕拉第奥式的花园建筑中是令人赏心悦目的。当发现八边形基座上的穹顶温室内部是圆形时，又会让人会心一笑。今天，苏格兰名胜管委会将菠萝屋租给了地标建筑管委会（邓莫尔庄园在 1970 年被分割），任何人都可以租它来度假。令人欣慰的是，它也符合维特鲁威坚固、实用、（纯粹）美观的原则。

近观石菠萝屋的细节

索引

埃菲尔铁塔为何伟大

埃菲尔铁塔为何伟大

埃菲尔铁塔为何伟大

索引

埃菲尔铁塔为何伟大

图片版权

致谢

"科学中的每个判断，"雅各布 · 布罗诺夫斯基（Jacob Bronowski）说，"都在错误的边缘上，而且是出自个人的。"我越是了解建筑，就越发现布罗诺夫斯基关于艺术与科学的这种古老结合体的观点是正确的。劳伦斯 · 金出版社（Laurence King）的利兹 · 费伯（Liz Faber）请我在这本书中提出 70 个问题，并试着去回答。盖纳 · 瑟蒙（Gaynor Sermon）负责了本书的出版。在此表示感谢！

埃菲尔铁塔为何伟大

译后记

　　以短篇讲述建筑故事的书并不罕见，本书是采用这种体例颇具新意的一部。《埃菲尔铁塔为何伟大》选取了世界上具有代表性的建筑、人物和概念，以新颖的视角、洗练的笔锋和不失诙谐的口吻，将这些建筑界耳熟能详的内容一一呈现给大众，可谓匠心独运。其中既有历史、人文和哲学的经典内容，也有科技和遗产等时下建筑领域关注的热点。

　　能将包罗万象的建筑实例和理论融于一书，与格兰西丰富的经历是分不开的。这位英国皇家建筑师学会荣誉会员曾先后就职于《建筑评论》《独立报》《卫报》等专业媒体，并有十余部著作和多部电影作品，还撰写过关于北京旧城改造、胡同抢救和中央电视台总部大楼的报道。

　　从理论上看，建筑评论是联系建筑实践与建筑理论的桥梁，其对建筑实践的总结是建筑理论和历史发展的基础。而在我国，现代意义上的建筑评论是随西方建筑学引入的，至今仍没有充分的发展——即使 20 世纪 90 年代以来，建筑实践的飞速扩张迫切呼唤着建筑评论的兴起。本书则是从媒体人的视角展开建筑评论的一个典范。它不仅跨出了建筑专业领域，拓宽了建筑评论的视角和受众，更突出了建筑评论的公众文化传播作用。

　　从另一方面看，建筑评论仍是一门模糊的学科。它涉及建筑学、美学、历史、城市规划等各个领域，以及建筑师、记者、史学家等众多职业。建筑评论应为大众熟知，而不是少数人的朋友。建筑评论家是那些自由的、好奇涉猎的、客观地关注建筑领域各种动态并进行思考的人。可以说，建筑评论家有调动大众的权利和义务，并应当提高人们对建筑审美的意识和情趣。

在此特别感谢后浪出版公司的编辑老师，没有他们的支持是不可能将这本脍炙人口的建筑读物呈现给广大中国读者的。作为本书的译者，也真诚地希望它能唤起更多建筑专业人士提笔撰写深入浅出的文章，让中国的建筑文化更好地融入今天的生活。

2020 年 4 月 14 日

埃菲尔铁塔为何伟大